普通高等教育"十三五"规划教材

Visual Foxpro 课程设计案例精选

陈　芬　丁晟春　戴建华　薛春香　编著

国防工业出版社

·北京·

内 容 简 介

本书按照"任务驱动＋案例"的编写模式,以案例带动理论知识点的实际应用,展示了现实社会信息系统设计的一般方法与流程。本书以实训为主要内容,突出创新技能的训练。在案例讲解上,按照软件开发的通用步骤,先阐述实际需求,然后介绍为实现目标而采取的方法。按这种方式进行内容组织,能够使学生快速掌握程序设计的一般思路和方法。本书不但把Visual Foxpro用基本理论与当前最新成果相结合,而且精选与实际应用结合紧密的典型案例,这样有助于引导学生快速进入开发状态。

全书共分五个部分共14章。第一部分用"教学管理系统"和"采购管理系统"两个较为复杂的案例,全面、系统地展示了如何用Visual Foxpro进行系统开发,并包含了其中的关键实施代码。第二部分为"管理信息系统",详细说明了工资管理系统、人力资源管理系统、图书管理系统、培训管理等系统的开发过程。第三部分为"游戏",介绍了猜数字游戏、GRE高频单词查询和游戏乐园等趣味小软件。第四部分为"数学问题求解",介绍了一些数学类常见问题的求解,包括水仙花数、阶乘、乘法表等。第五部分为"表单",介绍了表单中各种控件的使用。

本书适合高等院校非计算机专业的学生使用,也可以作为信息技术人员用于管理信息系统的开发使用,还可供Visual Foxpro的爱好者学习和参考。同时,也可以作为一门语言的课程设计教材使用。

图书在版编目(CIP)数据

Visual Foxpro课程设计案例精选/陈芬等编著. —北京:
国防工业出版社,2016.8
普通高等教育"十三五"规划教材
ISBN 978-7-118-10903-0

Ⅰ.①V… Ⅱ.①陈… Ⅲ.①关系数据库系统–程序设计–课程设计–高等学校–教学参考资料 Ⅳ.①TP311.138

中国版本图书馆CIP数据核字(2016)第188603号

※

国防工业出版社出版发行
(北京市海淀区紫竹院南路23号 邮政编码100048)
三河市鼎鑫印务有限公司印刷
新华书店经售

＊

开本787×1092 1/16 印张14 字数315千字
2016年8月第1版第1次印刷 印数1—4000册 定价32.80元

(本书如有印装错误,我社负责调换)

国防书店:(010)88540777 发行邮购:(010)88540776
发行传真:(010)88540755 发行业务:(010)88540717

前　　言

随着经济全球化、数字化、网络化的发展,各国政治、经济和文化等领域都发生了深刻变革,国与国之间的竞争愈发激烈。这种竞争,归根结底是人才的竞争,而人才的培养又和教育密不可分。在这个日新月异的社会,如何培养高校大学生的能力,使之能够快速适应新形势与新环境的发展,是一个重大课题。其中,加强学校教育与社会实践的联系,培养学生的实践能力,是一个重要环节。

高等教育的不断发展和计算机技术的日新月异,对教材的形式及内容有了新的要求。一是要体现国家教育有关精神,探索“工学交替、任务驱动、项目导向、顶岗实习”等有利于增强学生能力的教学模式,教材要结合课程建设要求,突出实践能力培养;二是要跟上时代的发展,计算机软硬件技术的变化与发展非常快,新的知识、新的信息技术需要在新的教材中体现出来。

我们在实际从事 Visual Foxpro(简称 VFP)软件教学中感到,许多相关专业的学生通过 VFP 教材已经具备了基本的 VFP 使用能力,但是仍然缺乏完整的、系统的软件项目开发经验,VFP 软件系统的需求分析、设计、开发与调试的综合能力还比较欠缺。

针对这些问题,本教材将定位于用 VFP 进行系统的项目分析、界面设计与代码编写。技术上,依据信息系统开发的一般步骤,对所涉及的流程进行详细的梳理与展示,全面系统地阐述基于 VFP 的项目开发的一般步骤、方法与技巧,以满足各种类型项目开发的需求,尤其是本科院校教学与实践的需要。

本教材以项目为基本的组织单元,侧重于系统性、实用性和可操作性,以一定的文字说明,配合详细的程序代码和用户界面图例,从而培养读者进行项目开发的实际技能。

为了使读者详细了解系统分析与设计的整体流程,本教材在第一和第二部分精选了若干实际工作中常用的管理信息系统,较为详尽地阐述了它们开发的一般步骤,展示了如何用 VFP 进行项目系统的开发。为了增强读者使用 VFP 进行系统开发的兴趣,本教材在第三部分选择了一些游戏类项目,第四部分选择了数学类问题的求解,第五部分选择了表单中各种控件的使用。

本教材在撰写过程中得到了很多同事和学生的帮助。在这里首先要感谢南京理工大学和江苏省社会公共安全科技协同创新中心对于本书的立项支持和资助。感谢南京理工大学经济管理学院信息管理系的同事,他们多年的支持和帮助给予我们不断前进的动力。此外,还要感谢南京理工大学经济管理学院、外国语学院以及人文学院的陶琳、邱俊麒、王世杰、周冰莲、张雨晴、张瑞、朱冰楠、张筱然、何晓佳、庄丽红、潘旭东、郝华萍、赵月等同学,他们为本教材的撰写做了大量出色的工作。在本教材的撰写中,我们也借鉴了一定的网上资料,也在此表示诚挚的谢意!由于网站内容的变更,一些参考文献来源无法给出,在此向原作者表示由衷的歉意!

由于时间仓促及水平有限,书中难免有不妥之处,恳请读者批评与指正。

编著者

2016 年 3 月

目 录

第 一 部 分

第 三 部 分

第 四 部 分

第 五 部 分

第一部分　Visual Foxpro 课程设计案例精选

第1章　教学管理系统

1.1　系统总体规划

本章通过"教学管理系统"介绍使用 Visual Foxpro 开发具体应用系统的流程。该系统是一个基本的教学管理系统,包含了一个完整的应用系统的基本框架和主要内容,其中有些功能还不完善,读者可以通过在系统现有功能的基础上增加新的功能来进一步完善该系统。

1. 系统任务

教学管理是学校教育机构管理的一项主要任务,功能完善及安全可靠的管理系统可以大大提高学校资源的利用率,实时准确地了解师生员工的现行状况,有助于学校的教学管理。本系统是根据学校教学流程及各个过程之间关系的实际情况而设计的一套针对性和功能性都比较强的管理系统。

2. 系统功能

本系统采用面向对象的设计思想,以菜单和表单的形式进行各表单及类的调用,主要完成以下功能:①迅速准确地了解学校师生的基本情况,为合理安排和调用学校资源提供信息保证;②浏览、编辑、输入、添加和删除教师的教学情况及学生的学习情况,为教务处了解教学情况提供准确信息;③便于对师生信息按编号、名称、分类等进行查询,并可在适当的时候打印报表,使管理部门易于了解各种信息,便于分析和研究教学计划。

1.2　系统功能模块设计

本系统主要包括如下主要模块:

1. 学生信息模块

学生信息模块用来管理每位学生的个人信息,并维护历年学生的个人信息。学生的个人信息由教务员录入。该模块包括学籍管理、学生管理,可按学号或姓名查询学生的相关信息。

2. 成绩管理模块

成绩管理模块用来管理每位学生的每学期的选课成绩,并维护学生的历年成绩。学生的成绩由任课老师或教务员录入,录入完成后任课老师无权再进行修改。该模块包括各种成绩统计,如学生毕业时可为其打印正式的成绩单,按课程索引进行成绩查询、维护和统计,按学号或姓名查询某门课程的成绩,按学号或姓名查询所有课程的成绩(明细表、总分、平均分、最高分、最低分)。

3. 教师管理模块

教师管理模块用来管理每位教师的相关信息,并维护每位教师的相关信息。教师的相关信息由教务员录入。该模块包括教师信息录入、教师信息查询,可按工号或姓名查询教师的相关信息。

4. 课程管理模块

课程管理模块用来管理每学期的教师任课情况和各班级的课程表,同时维护历年来的课程情况。教务员可以对下学期所要开设的课程及其相关的信息(如上课人数、上课时间、教师等)进行录入、维护和查询,并生成每个教学班级的课程表。该模块包括任课老师的各种课程的任课统计。

5. 密码管理模块

密码管理模块是针对学生及教师对个人信息查询、保密、修改,防止个人信息泄露。所有学生及教师都有自己的密码,可以防止非系统人员进入本系统。同时,又因每个人的权限不一样,故可以防止越权操作。其中针对密码丢失、遗忘,我们设置密码找回功能。

6. 系统模块

系统模块包括项目说明和系统数据维护。项目说明是帮助人们了解本程序的主要内容。系统数据维护是对教学活动中的基础数据进行维护和集中管理,减少数据冗余,保持数据一致性,建立集中、统一、准确的教与学管理数据,并支持本系统中其他模块的运行。负责维护的基本信息库包括教师基础信息、管理人员信息、院(系)专业信息、学生基本信息等,同时还包括一个用户权限设置子模块,该模块由各院(系)教学秘书和教务处管理人员进行维护。其操作涉及基本信息库的信息的录入、维护、打印和查询。

7. 退出模块

该模块用于退出教学管理系统。

8. 项目模块

项目模块主要包括新建、添加、修改、运行、移去、重命名文件等功能。

1.3 系统数据库设计

1.3.1 表结构设计

数据库中包括 11 张数据库表,分别为:

1. 登录信息表

登录信息表主要包含用户和密码信息,如表 1-1 所示。

表 1-1 登录信息表

字 段 名 称	数 据 类 型	字 段 大 小	说 明
yh	C	10	用户
mm	C	10	密码

2. 学生表

学生表主要包含学生的基本信息,如学号、姓名、性别、籍贯和出生日期等,如表 1-2 所示。

表 1-2　学生表

字 段 名 称	数 据 类 型	字 段 大 小	说　明
studentid	C	8	学号,关键字,主索引
studentname	C	10	姓名
gender	C	2	性别
nation	C	8	民族
birthdate	D	8	出生日期
nativeprovince	C	10	籍贯,省
nativecounty	C	10	籍贯,市
homeaddress	C	50	家庭住址
postnumber	C	6	邮政编码
degree	C	8	申请学位
specialtyid	C	6	专业代号,普通索引
enrolldate	D	8	入学年月日
pword	C	15	密码

3. 成绩表

成绩表主要包含各门课程的成绩信息,如表 1-3 所示。

表 1-3　成绩表

字 段 名 称	数 据 类 型	字 段 大 小	说　明
studentid	C	8	学号,普通索引
courseid	C	8	课程号,普通索引
score	N(5,1)	5	成绩
term	C	5	学期

4. 课程设置表

课程设置表主要包含课程的相关信息,包括课程号、课程名称、学分等,如表 1-4 所示。

表 1-4　课程设置表

字 段 名 称	数 据 类 型	字 段 大 小	说　明
courseid	C	8	课程号,关键字,主索引
coursename	C	20	课程名称
coursehour	I	4	学时
credit	N(3,1)	8	学分
coursecategory	C	1	课程类别,有 A、B、C、D 四类,A 类课程为公共基础学位课,B 类课程为专业学位课,C 类课程为专业选修课,D 类课程为全校公共课
requiredcourse	L	1	是否为必修课

5. 每日课程表

每日课程表主要包含每周的课表信息,如表1-5所示。

表1-5　每日课程表

字 段 名 称	数 据 类 型	字 段 大 小	说　　明
sclass	C	10	班级号
M1c	C	10	星期一第一节课
M2c	C	10	星期一第二节课
M3c	C	10	星期一第三节课
M4c	C	10	星期一第四节课
T1c	C	10	星期二第一节课
T2c	C	10	星期二第二节课
T3c	C	10	星期二第三节课
T4c	C	10	星期二第四节课
W1c	C	10	星期三第一节课
W2c	C	10	星期三第二节课
W3c	C	10	星期三第三节课
W4c	C	10	星期三第四节课
Th1c	C	10	星期四第一节课
Th2c	C	10	星期四第二节课
Th3c	C	10	星期四第三节课
Th4c	C	10	星期四第四节课
F1c	C	10	星期五第一节课
F2c	C	10	星期五第二节课
F3c	C	10	星期五第三节课
F4c	C	10	星期五第四节课

6. 班级表

班级表主要包含上课时间等信息,如表1-6所示。

表1-6　班级表

字 段 名 称	数 据 类 型	字 段 大 小	说　　明
teachingclassid	C	8	任课号,关键字,主索引
classtime	C	8	上课时间
period	C	20	周期

7. 专业表

专业表主要包含专业代号、专业名称、研究领域和专业类别等信息,如表1-7所示。

表 1-7　专业表

字 段 名 称	数 据 类 型	字 段 大 小	说　　明
specialtyid	C	8	专业号,关键字,主索引
specialtyname	C	20	专业名称
department	C	20	所在院系名称
researchname	C	20	该专业的研究方向
educationalsystem	N(3,1)	3	学制
specialtycategory	L	1	专业类型,包括本科专业和研究生专业

8. 教师表

教师表主要包含教师工号、姓名、性别、出生日期、所属专业、所在院系等教师相关信息,如表 1-8 所示。

表 1-8　教师表

字 段 名 称	数 据 类 型	字 段 大 小	说　　明
teacherid	C	8	工号,关键字,主索引
teachername	C	10	姓名
gender	C	2	性别
nation	C	8	民族
birthdate	D	8	出生日期
nativeprovince	C	10	籍贯,省
nativecounty	C	10	籍贯,市
telephone	C	12	电话
headship	C	8	职务或职称
department	C	20	所在院系
pword	C	15	密码

9. 教师课程表

教师课程表主要包含任课教师的授课信息,如任课教师工号、课程号、学生人数等,如表 1-9 所示。

表 1-9　教师课程表

字 段 名 称	数 据 类 型	字 段 大 小	说　　明
teachingclassid	C	8	任课号,关键字,主索引
teacherid	C	8	任课教师工号
classid	C	6	教学班级号
courseid	C	8	课程号
educationalsystem	I	4	学生人数

10. 忘记密码表

忘记密码表主要用于忘记密码时的处理,如表 1-10 所示。

表 1-10　忘记密码表

字 段 名 称	数 据 类 型	字 段 大 小	说　　明
出生日期	C	10	

11. 用户表

用户表主要用于密码的记录,如表 1-11 所示。

表 1-11　用户表

字 段 名 称	数 据 类 型	字 段 大 小	说　　明
密码	C	10	

1.3.2　表关系设置

1.3.1 节各表之间通过主键与外键建立联系,如图 1-1 所示。

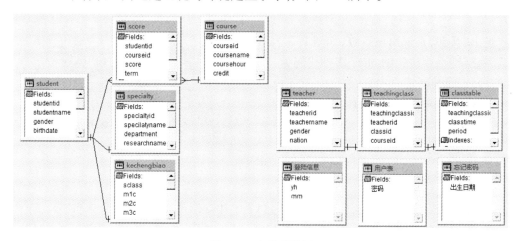

图 1-1　表关系设置

1.4　主要表单及其事件代码

本系统共有 20 张表单,根据需要对每张表单的 autocenter、caption、fontsize、picture 等属性进行设置,并对表单进行了界面的修饰与美化。

1.4.1　欢迎表单

欢迎表单主要显示了系统的名称,以及向用户传达"欢迎使用"的信息,如图 1-2 所示。

欢迎表单出现后自动跳入登录界面是在表单中加入了计时器,计时器的 Timer 事件处理代码为:

```
do form 登录表单.scx
thisform. release
```

图1-2　欢迎表单

1.4.2　登录界面

登录界面表单由 1 个标签和 2 个命令按钮构成,功能是确认用户是否使用该教学管理系统。若用户单击"登录"按钮,则跳入用户登录界面;若单击"退出"按钮,则退出该系统,如图1-3 表示。

"登录"命令按钮的 click 事件代码为:

```
do form 用户登录
```

"退出"命令按钮的 click 事件代码为:

```
thisform. release
clear events
```

图1-3　登录界面

1.4.3　用户登录表单

用户登录表单由 2 个标签、2 个文本框和 2 个命令按钮构成,如图1-4 所示。

此表单的主要功能是检验用户身份,确认用户是否具有访问该教学管理系统的资格。若用户输入了正确的用户名和密码,单击"确认"按钮进入主菜单界面;若用户输入了错误的用户名和密码,则系统提示"用户名和密码错误,请重新输入!"。若用户单击"取消"按钮,则退出教学管理系统。

"确定"命令按钮的 click 事件代码为:

```
x = alltrim(thisform. text1. value)
y = alltrim(thisform. text2. value)
select 登录信息
locate for allt(登录信息. yh) == x and allt(登录信息. mm) == y
    if found( )
        thisform. release
    else
```

图1-4　用户登录表单

```
        messagebox('用户名和密码错误,请重新登录!',0,'提示')
        thisform. text2. value ="
        thisform. text1. value ="
        thisform. text2. setfocus
    endif
```

"退出"命令按钮的 click 代码为:

```
thisform. release
```

1.4.4　学生信息管理

1. 学籍管理表单

学籍管理表单由 12 个标签、12 个文本框和 3 个命令按钮构成,如图 1-5 所示。

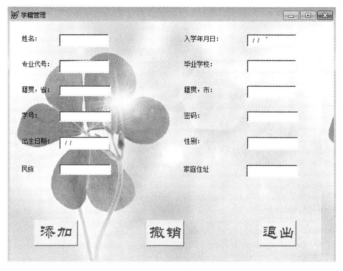

图 1-5　学籍管理表单

该表单的功能是对学生信息进行添加补充。输入系统要求的全部信息后,单击"添加"按钮则添加新的学生信息记录;单击"撤销"按钮则放弃添加;单击"退出"按钮则退出表单。

"添加"命令按钮的 click 事件代码为:

```
caption = "添加"
this. caption = "继续"
if empty(thisform. t1. value)
    = messageb('姓名不能为空!')
    return
endif
if empty(thisform. t2. value)
    = messageb('专业代号不能为空!')
    return
endif
if empty(thisform. t3. value)
    = messageb('籍贯,省不能为空!')
```

```
            return
        endif
        if empty(thisform. t4. value)
            = messageb('学号不能为空! ')
            return
        endif
        if empty(thisform. t5. value)
            = messageb('出生日期不能为空! ')
            return
        endif
        if empty(thisform. t6. value)
            = messageb('籍贯,市不能为空! ')
            return
        endif
        if empty(thisform. t7. value)
            = messageb('入学年月日不能为空! ')
            return
        endif
        if empty(thisform. t8. value)
            = messageb('毕业学校不能为空! ')
            return
        endif
        if empty(thisform. t9. value)
            = messageb('民族不能为空! ')
            return
        endif
        if empty(thisform. t10. value)
            = messageb('密码不能为空! ')
            return
        endif
        if empty(thisform. t11. value)
            = messageb('家庭住址不能为空! ')
            return
        endif
        if empty(thisform. t12. value)
            = messageb('性别不能为空! ')
            return
        endif

        sele student
        locate for allt(thisform. t4. value) = allt(studentid)
        if found()
            = messageb('学号已存在,不能重复添加! ')
```

else

  insert into student(studentname, birthdate, nativeprovince, nativecounty, specialtyid,

  enroldate, pword, nation, homeaddress, gender, studentid)

  value(thisform. t1. value, thisform. t5. value, thisform. t3. value, thisform. t6. value,

  thisform. t2. value, thisform. t7. value, thisform. t10. value, thisform. t9. value,

  thisform. t11. value, thisform. t12. value, thisform. t4. value)

  set order to studentid

endif

Thisform. t1. value = space(20)

Thisform. t2. value = space(20)

Thisform. t3. value = space(20)

Thisform. t4. value = space(20

Thisform. t5. value = { }

thisform. t6. value = space(50)

thisform. t7. value = { }

Thisform. t8. value = space(20

Thisform. t9. value = space(20)

Thisform. t10value = space(20)

Thisform. t11. value = space(20)

Thisform. t12. value = space(20)

Thisform. t1. enabled = . t.

Thisform. t2. enabled = . t.

Thisform. t3. enabled = . t.

Thisform. t4. enabled = . t.

Thisform. t5. enabled = . t.

Thisform. t6. enabled = . t.

Thisform. t7. enabled = . t.

Thisform. t8. enabled = . t.

Thisform. t9. enabled = . t.

Thisform. t10. enabled = . t.

Thisform. t11. enabled = . t.

Thisform. 12. enabled = . t.

Thisform. t1. setfocus

Thisform. refresh

This. enabled = . t.

Thisform. command2. enabled = . f.

Thisform. command4. enabled = . t.

"撤销"(command4)命令按钮的 click 事件代码为:

caption = "撤销"

?? chr(7)

Result = messagebox("是否确认放弃添加?", 4 + 48 + 256, "信息窗口")

If result = 6

  Thisform. t1. enabled = . f.

Thisform. t2. enabled = . f.

Thisform. t3. enabled = . f.

Thisform. t4. enabled = . f.

Thisform. t5. enabled = . f.

Thisform. t6. enabled = . f.

Thisform. t7. enabled = . f.

Thisform. t8. enabled = . f.

Thisform. t9. enabled = . f.

Thisform. t10. enabled = . f.

Thisform. t11. enabled = . f.

Thisform. t12. enabled = . f.

This. enabled = . f.

Thisform. command2. enabled = . t.

endif

Thisform. refresh

"退出"命令按钮的 click 事件代码为:

result = messagebox("是否退出?",4 + 32 + 256,"信息")

if result = 6

 thisform. release

endif

2. 学生管理表单

学生管理表单由 2 个标签、1 个文本框、1 个选项按钮组、3 个命令按钮和 1 个表格组成(如图 1-6 所示)。

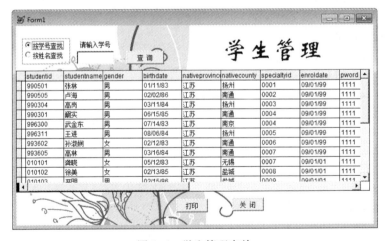

图 1-6　学生管理表单

此表单功能在于可以通过两种途径("按学号查找"和"按姓名查找")方便快速地查阅所有学生的信息。并且可以通过单击"打印"按钮打印有关学生信息的报表,单击"关闭"按钮退出表单。

选项按钮组的 click 事件代码为:

if this. value = 1

12

```
        thisform. label2. caption = "请输入学号:"
        thisform. text1. value = " "
        thisform. text1. setfocus
    else
        thisform. label2. caption = "请输入姓名:"
        thisform. text1. value = " "
        thisform. text1. setfocus
    endif
```

"查询"命令按钮的 click 事件代码为:

```
if thisform. optiongroup1. value = 1
    locate for allt( student. studentid) = allt( thisform. text1. value)
    if found( )
        go recn( )
        thisform. refresh
        thisform. grdstudents. setfocus
    else
        k = messagebox("该学号无记录,请重新输入学生学号")
        if k = 1
            thisform. text1. value = " "
            thisform. text1. setfocus
        endif
    endif
else
    locate for allt( student. studentname) = allt( thisform. text1. value)
    if found( )
        go recn( )
        thisform. refresh
        thisform. grdstudents. setfocus
    else
        k = messagebox("该姓名无记录,请重新输入学生姓名")
        if k = 1
            thisform. text1. value = " "
            thisform. text1. setfocus
        endif
    endif
endif
```

"打印"命令按钮的 click 事件代码为:

```
REPORT FORM 学生管理. frx TO printer
```

1.4.5　成绩管理

1. 成绩录入表单

成绩录入表单由 5 个标签、4 个文本框和 3 个命令按钮构成,如图 1-7 所示。

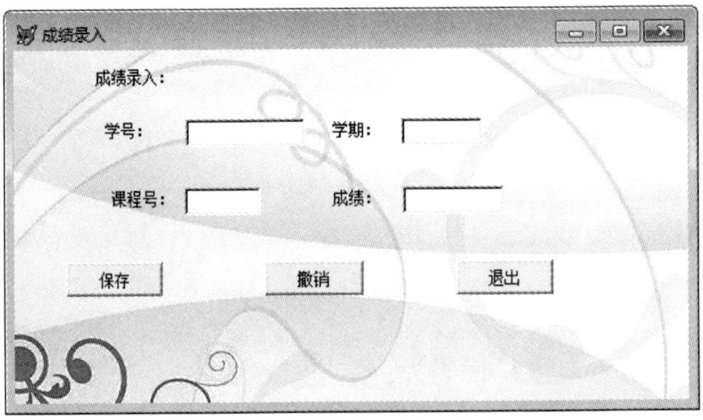

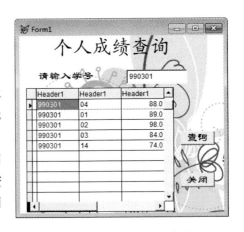

图 1-7　成绩录入表单

此表单的功能在于可以方便快速地对学生的成绩信息进行录入。信息输入完毕，单击“保存”按钮则信息存入相关表格；单击“撤销”按钮则放弃添加信息；单击“退出”按钮则退出表单。

“保存”命令按钮的 click 事件代码为：

```
if messageb("保存已完成,是否继续增加?",4 +48,"信息窗口") =6
   = tableupdate(. t. )
   append blank
   thisform. refresh
else
   = tableupdate(. f. )
   thisform. release
endif
```

“撤销”命令按钮的 click 事件代码为：

```
= tablerevert(. f. )
thisform. refresh
```

“退出”命令按钮的 click 事件代码为：

```
= tablerevert(. f. )
thisform. release
use
```

2. 个人成绩查询表单

个人成绩查询表单由 2 个标签、1 个文本框、2 个命令按钮和一个表格构成，如图 1-8 所示。

Header1	Header1	Header1
990301	04	88.0
990301	01	89.0
990301	02	98.0
990301	03	84.0
990301	14	74.0

图 1-8　个人成绩查询表单

此表单的功能在于方便用户查询个人每门课程的成绩。输入正确的学号，单击“查询”按钮就可以在表格里清晰地看到该学号学生每门功课的成绩。单击“关闭”按钮退出表单。

“查询”命令按钮的 click 事件代码为：

```
select score
thisform. grid1. recordsource = " select * from score;
               where studentid = allt( thisform. text1. value ) into cursor temp1"
thisform. refresh
```

3. 成绩浏览表单

成绩浏览表单由 5 个标签、4 个文本框和 5 个命令按钮构成,如图 1-9 所示。
此表单的功能在于浏览学生不同学期的不同科目成绩。单击"返回"按钮退出表单。
表单的 init 事件代码:

```
select score
go top
thisform. text1. enabled = . t.
thisform. text3. enabled = . t.
thisform. text4. enabled = . t.
thisform. text5. enabled = . t.
```

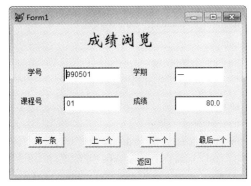

图 1-9　成绩浏览表单

"第一条"的 click 事件:

```
go top
this. enabled = . f.
thisform. command2. enabled = . f.
thisform. command3. enabled = . t.
thisform. command4. enabled = . t.
thisform. refresh
```

"上一个"的 click 事件:

```
skip - 1
thisform. command1. enabled = . t.
thisform. command3. enabled = . t.
thisform. command4. enabled = . t.
thisform. refresh
if bof( )
messagebox( " 已经到了表头!",0 + 48,"提示" )
this. enabled = . f.
thisform. command1. enabled = . f.
else
this. enabled = . t.
endif
thisform. refresh
```

"下一个"的 click 事件:

```
skip
thisform. command1. enabled = . t.
if eof( )
this. enabled = . f.
messagebox( " 已经到了表尾!",0 + 48,"提示" )
thisform. command1. enabled = . t.
```

thisform. command2. enabled = . t.

thisform. command3. enabled = . f.

thisform. command4. enabled = . f.

thisform. refresh

else

this. enabled = . t.

thisform. command1. enabled = . t.

thisform. command2. enabled = . t.

thisform. command3. enabled = . t.

endif

thisform. refresh

"最后一个"的 click 事件：

go bottom

this. enabled = . f.

thisform. command1. enabled = . t.

thisform. command2. enabled = . t.

thisform. command3. enabled = . f.

thisform. refresh

4. 班级成绩查询表单

班级成绩查询表单由 5 个标签、5 个文本框、2 个命令按钮和 1 个表格构成,如图 1-10 所示。

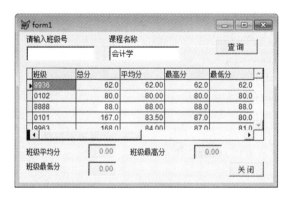

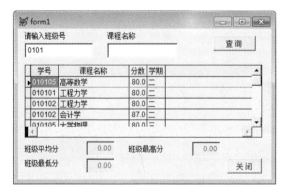

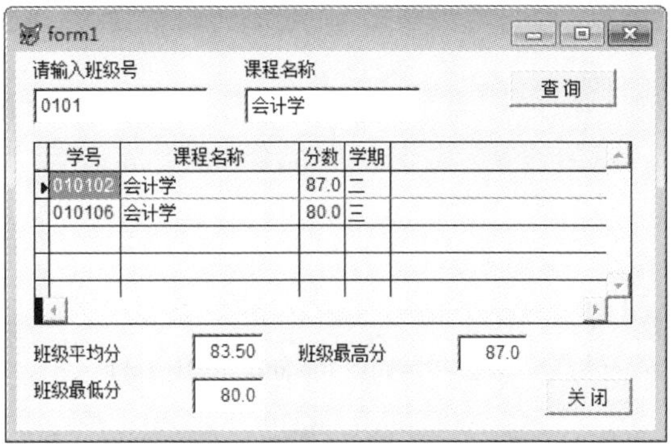

图 1-10　班级成绩查询表单

此表单的功能在于查询一个班级所有学生每门课程的成绩。输入正确的班级号和课程名称,单击"查询"按钮,可以在表格里看到这个班级所有学生这门功课的成绩。单击"关闭"按钮,退出表单。

"查询"命令按钮的 click 事件代码为:

```
if empty(thisform. text1. value)
    select course
    go top
    locate for allt(course. coursename) = allt(thisform. text2. value)
    if found()    && 有课程号,根据课程号生成每个班级该课程的信息
        select substr(allt(score. studentid),1,4) as 班级,sum(score. score) as 总分,;
            avg(score. score) as 平均分,max(score. score) as 最高分,;
            min(score. score) as 最低分 from score;
        where score. courseid = course. courseid and
            course. coursename = allt(thisform. text2. value);
        into cursor temp;
        group by 1;
        order by 2
        thisform. grdscore. recordsource = "temp"
        thisform. grdscore. columncount = 5
        thisform. grdscore. column1. header1. caption = "班级"
        thisform. grdscore. column2. header1. caption = "总分"
        thisform. grdscore. column3. header1. caption = "平均分"
        thisform. grdscore. column4. header1. caption = "最高分"
        thisform. grdscore. column5. header1. caption = "最低分"

        thisform. refresh
        thisform. grdscore. setfocus
    else
        thisform. refresh
        k = messagebox("该课程无记录,重新输入课程名称!")
```

```
        if k = 1
            thisform. text2. value = " "
            thisform. text2. setfocus
        endif
    endif
else && 班级号不为空
    select score
    go top
    locate for left( allt( score. studentid) ,4) = allt( thisform. text1. value)
    if found( )
        do case
            case empty( thisform. text2. value)
                select score. studentid as 学号,course. coursename as 课程名称,;
                    score. score as 分数,term as 学期 from score, ;
                    course order by 4 ,2 ,1 ;
                    where score. courseid = course. courseid and;
                    substr( allt( score. studentid) ,1 ,4) = allt( thisform. text1. value) ;
                    into cursor temp2
            case ! empty( thisform. text2. value)
                select course
                go top
                locate for allt( course. coursename) = allt( thisform. text2. value)
                if found( )
                    select score. studentid as 学号,course. coursename as 课程名称,;
                        score. score as 分数, term as 学期 from score, course;
                        order by 1 ;
                        where score. courseid = course. courseid and;
                        substr( allt( score. studentid) ,1 ,4) = allt( thisform. text1. value) and;
                        course. coursename = allt( thisform. text2. value) into cursor temp2
                else
                    thisform. refresh
                    k = messagebox( "该课程无记录,请重新输入课程名称!")
                    if k = 1
                        thisform. text2. value = " "
                        thisform. text2. setfocus
                    endif
                endif
        endcase

    thisform. grdscore. recordsource = " temp2"
    thisform. grdscore. columncount = 4
    thisform. grdscore. column1. header1. caption = " 学号"
    thisform. grdscore. column2. header1. caption = " 课程名称"
```

```
            thisform. grdscore. column3. header1. caption = "分数"
            thisform. grdscore. column4. header1. caption = "学期"

            thisform. refresh
            thisform. grdscore. setfocus
        else
            thisform. refresh
            k = messagebox("班级无记录,请重新输入课程名称!")
            if k = 1
                thisform. text1. value = ""
                thisform. text1. setfocus
            endif
        endif
    endif
endif
```

1.4.6 教师信息管理

1. 教师信息查询表单

教师信息查询表单由 1 个标签、1 个组合框、2 个命令按钮和 1 个表格构成,如图 1-11 所示。

此表单的功能在于可以通过选取教师姓名方便快速地查询该教师的相关信息。选择一名教师,单击"查询"按钮,表格显示该教师的相关信息;单击"关闭"按钮,退出表单。

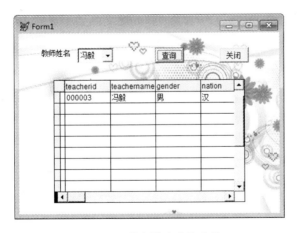

图 1-11　教师信息查询表单

"查询"命令按钮的 click 事件代码为:

```
sele teacher
set filter to
locate for allt( teacher. teachername) == allt( thisform. combo1. value)
if found( )
    set filter to teacher. teachername = allt( thisform. combo1. value)
```

```
    else
        = messageb("记录中无此姓名!",4 +48,"错误")
        thisform. combo1. setfocus
    endif
thisform. refresh
```

2. 教师信息录入表单

教师信息录入表单由 11 个标签,11 个文本框和 3 个命令按钮构成,如图 1-12 所示。

此表单的功能在于可以添加新的教师信息记录。输入全部的信息,点击"添加"按钮则在相关表单里成功添加了新的教师记录;单击"取消"按钮则取消所有已输入的信息以便重新输入信息;单击"退出"按钮后在弹出的"是否退出"按钮的对话框里单击"确认"按钮,退出表单。

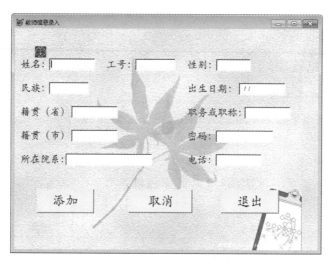

图 1-12　教师信息录入表单

此表单与 1.4.4 节学生学籍信息录入表单实现方法类似,这里不再赘述。

3. 任课信息浏览表单

任课信息浏览表单由 5 个标签、5 个文本框和 5 个命令按钮构成,如图 1-13 所示。

此表单的功能在于查询任意课程的相关信息。单击"返回"按钮退出表单。

此表单与 1.4.5 节成绩浏览表单实现方法类似,这里不再赘述。

4. 班级课程表查询表单

班级课程表查询表单由 7 个标签、21 个文本框、1 个组合框和 1 个命令按钮构成,如图 1-14 所示。

图 1-13　任课信息浏览表单

此表单的功能在于可以方便快速地查询任意班级的课程安排。单击"退出"按钮则退出表单。此表单的数据源来自于课程表。

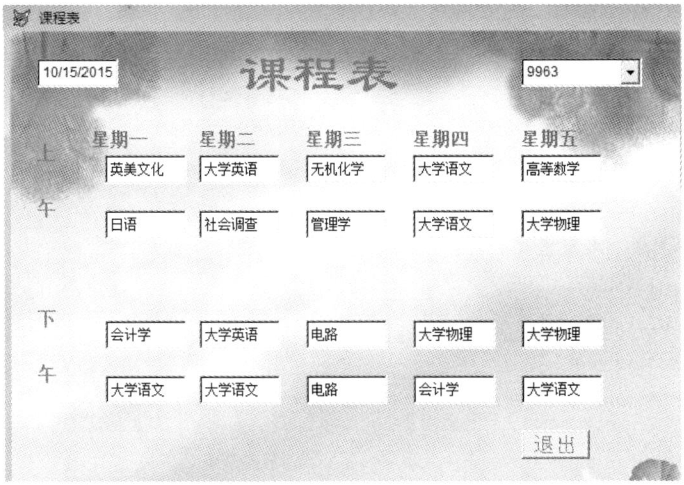

图1-14 班级课程表查询表单

1.4.7 密码管理

1. 密码修改表单

密码修改表单由4个标签、4个文本框和3个命令按钮构成,如图1-15所示。

此表单的功能在于为有需求的用户更改其进入访问教学管理系统的密码。单击"确定"按钮修改密码成功,以后用新密码进入教学管理系统;单击"取消"按钮重新输入所有信息;单击"退出"按钮退出表单。

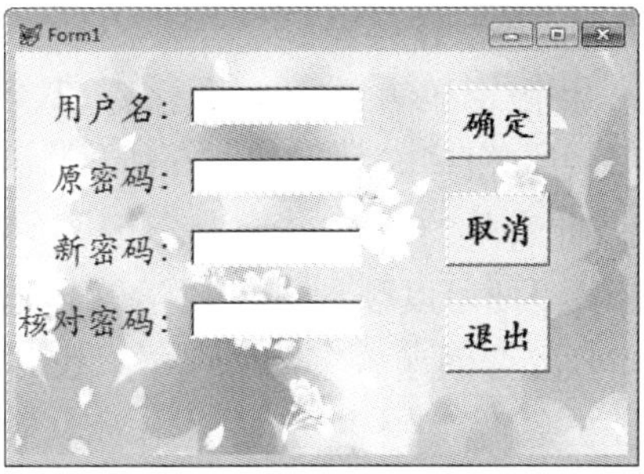

图1-15 密码修改表单

"确定"命令按钮的 click 事件代码为:

```
use student
a = allt( thisform. text1. value)
b = allt( thisform. text2. value)
c = allt( thisform. text3. value)
d = allt( thisform. text4. value)
locate for allt( student. studentname) == a and allt( student. pword) == b
if found( )
  if c = d
    if len( c) > 0 and len( d) > 0
      messagebox('确定要修改密码吗?',32 + 1,'询问')
      replace student. pword with d
      thisform. text3. value = " "
      thisform. text4. value = " "
    else
      messagebox('新密码不能为空!')
      thisform. text3. setfocus
    endif
```

```
    else
        messagebox('两次密码不一致,请重新输入!')
        thisform. text3. value = " "
        thisform. text4. value = " "
    endif
else
    messagebox('用户名与密码不符!')
    thisform. text1. value = " "
    thisform. text2. value = " "
    thisform. text3. value = " "
    thisform. text4. value = " "
endif
thisform. release
```

"取消"命令按钮的 click 事件代码为:

```
thisform. text1. value = " "
thisform. text2. value = " "
thisform. text3. value = " "
thisform. text4. value = " "
thisform. text1. setfocus
```

2. 找回密码表单

找回密码表单由 2 个标签、2 个文本框和 2 个命令按钮构成,如图 1-16 所示。

此表单的功能在于为忘记密码的用户找回密码,以便可以顺利进入教学管理系统。输入正确的"安全问题答案"后,单击"找回密码"按钮,则在"密码"文本框里显示出对应的密码。单击"返回"按钮退出表单。

图 1-16　找回密码表单

"找回密码"命令按钮的 click 事件代码:

```
if allt(thisform. text1. value) = allt(忘记密码. 出生日期)
    thisform. text2. value = 用户表. 密码
else
    messagebox("安全答案不正确!",48 + 0 + 0,"警告")
endif
```

1.5　主程序及其代码

一个应用系统只有一个进入点,通常由一个程序文件来担当。在该主程序中应该包含初始化环境的设置、初始的用户界面、控制事件的循环。

本应用系统的主要主程序代码如下所示:

```
if set("talk") == "on"
    set talk off
```

```
        m. gltalkison = . t.
else
        m. gltalkison = . f.
endif

zoom window screen max
_screen. controlbox = . f.
release window 常用
_screen. backcolor = rgb(128,128,255)

*存储环境
m. gcolscent = set("century")
m. gcoldclas = set("classlib")
m. gcolddele = set("delete")
m. gcoldesca = set("escape")
m. gcoldexac = set("exact")
m. gcoldexcl = set("exclusive")
m. gcoldmult = set("multilocks")
m. gcoldproc = set("procedure")
m. gcoldrepr = set("reprocess")
m. gxoldsafe = set("safety")
m. gcoldstat = set("status bar")
m. gcoldhelp = set("help",1)
m. gcoldreso = sys(2005)
m. gcoldoner = on("error")

*清除环境
release all except g*
close all
clear menu
clear popu
clear wind
clear

*初始化系统属性
m. gcnamesystem = "教学管理系统1.0版"
m. gcdefdataloc = curdir()
*菜单参数
m. gmenul = . f.
m. gmenu2 = . f.
m. gmenu3 = . f.

*用户登记参数
```

```
m. gcnameuser = " ABC"
m. gcpermlevel = " AAAAA"
m. gcEXItmethord = " "

* 设置" on" 条件
if m. gcpermlevel = " AAAAA"
    * \ \ \on error
else
    * \ \ \on error
endif
if m. gcpermlevel = " AAAAA"
    set escape on
else
    set escape off
    on escape *
endif

* 功能键设置
on key label F3
on key label F4
on key label F5
on key label F6
on key label F7
on key label F8
on key label F9
on key label F10
on key label F11
on key label F12

* 定义环境
set century on
set clock status
set deleted on
set exact off
set exclusive on
set multilocks on
set reprocess to 5
set safety off
```

** 由于文件类型较多,分散在不同的目录下,所以文件的搜索路径可以设置成很多的目录

```
set path tof:\vfp 作业\教学管理系统
do form 欢迎表单. scx
```

```
* DO
* 设置屏幕、菜单和事件处理句柄
modify window screen font" FoxFont" ,7 noclose title m. gcnamesystem

wait wind m. gcnamesystem
read events

set sysmenu to default
modify window screen font " FoxFont" ,9 noclose title " Microsoft Visual Foxpro"

* 恢复环境
set classlib to &gcoldclas
set deleted &gcolddele
set escape &gcoldesca
set exact &gcoldexac
set exclusive &gcoldexcl
set multilocks &gcoldmult
set procedure to &gcoldproc
if m. gcoldrepr < >0
    set reprocess to ( gcoldrepr)
endif

set status bar & gcoldstat
if ! empty( m. gcoldhelp)
    set help to &gcoldhelp
endif
if empty( m. gcoldoner)
    on error( gcoldoner)
endif

* 清除其他内容
close all
clear menu
clear popu
clear prog
clear wind
clear
do case
    case m. gcexitmethod = " Visual Foxpro"
        wait window "再见!"
        clear memory
        return
    case m. gcexitmethord = " OS"
```

```
@ 2,0 say "再见!"
clear memory
QUIT
```

endcase

1.6　菜单的设置

本系统配备 1 个主菜单、6 个子菜单。其中,主菜单如图 1-17 所示。

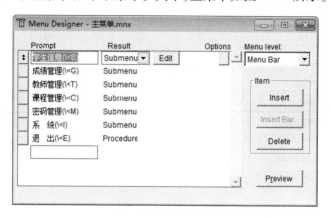

图 1-17　主菜单

主菜单主要设置了 6 个子菜单项,包括学生信息、成绩管理、教师管理、课程管理、密码管理和退出项。

其中,学生信息子菜单包括学籍管理、学生管理和打印子菜单项。成绩管理子菜单包括成绩录入、个人成绩查询、成绩浏览和班级成绩子菜单项。教师管理子菜单包括教师信息查询和教师信息录入子菜单项。课程管理子菜单包括任课信息浏览、班级课程表查询和课程表打印子菜单项。密码管理子菜单项包括学生密码修改、教师密码修改和找回密码子菜单项。退出子菜单则是退出该应用系统。这些子菜单都对应着 1.4 节所展示的表单。

第 2 章 采购管理系统

2.1 系统概述

在市场竞争越来越激烈、规模越来越大、消费者要求越来越高的今天,如何提高工作效率和管理水平显得越来越重要。由于手工操作繁琐混乱且容易出错,不易及时统计更新商品的销售和库存情况,常常造成管理漏洞,给营业、管理人员和客户带来不便,因此迫切需要一套计算机信息管理系统来实现可靠、便捷的管理。

超市进销存管理系统的投入,能有效提高工作效率,减少工作人员,从而减少人力资本的投入。该系统投入运行一段时间后,就能基本收回开发系统的投资,从经济角度来说,本系统的开发完全必要。

本系统旨在协助一般小型超市进行日常的销售管理流程。系统内置了管理端、销售端、采购端三种模式,针对不同员工设置相应方便快捷高效的操作界面,简单易行。

管理端模式适用于超市的高层管理人员,含有浏览、添加、修改、删除等多种对员工信息、商品信息的应用功能,方便及时更新数据错误;销售端模式适用于注重销售效率的销售人员,创建购物车和购物结算功能使得客户结账更快捷、销售数据管理更轻松,员工能随时查看自己的销售业绩;采购端模式则综合了采购、商品入库等功能,让商品库存及时跟上销售,更便于数据管理。

2.2 系统功能模块设计

本系统主要涉及三大管理模块,如图 2-1 所示:

1. 销售端模块

销售端管理模块主要处理与销售相关的事宜,包括购物车管理和个人销售业绩管理。其中,购物车管理又包括购物车的创建与购物结算两个功能。

2. 管理端模块

管理端模块主要涉及两大管理功能:

(1)商品管理,包括商品库存管理、商品信息管理和销售记录浏览。

(2)员工管理,包括工作人员管理和系统用户管理两个功能。

3. 采购端模块

采购端模块主要处理采购事项,包括商品入库管理、采购计划制定与个人采购业绩的浏览等功能。

此外,系统还涉及密码修改与登录等其他模块功能。

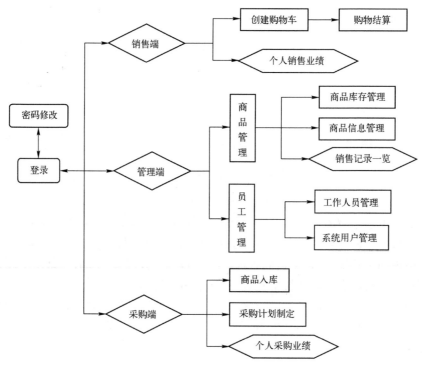

图 2-1 系统功能模块

2.3 数据库设计

数据库中共包括 7 张数据库表,分别为:

1. 系统用户表

系统用户表主要包含用户和密码信息,如表 2-1 所示。

表 2-1 系统用户表(Sysuserdata)

字 段 名	字 段 类 型	字 段 宽 度	是 否 索 引
用户名	字符型	5	主索引
口令	字符型	10	
权限	字符型	1	

2. 员工信息表

员工信息表主要包含员工的基本信息,如员工编号、姓名、性别、籍贯和出生日期等,如表 2-2 所示。

表 2-2 员工信息表(Workerinfo)

字 段 名	字 段 类 型	字 段 宽 度	是 否 索 引
员工编号	字符型	5	主索引
姓名	字符型	6	
性别	字符型	2	

28

字 段 名	字 段 类 型	字 段 宽 度	是 否 索 引
权限	字符型	1	
籍贯	字符型	10	
出生日期	日期型	8	

3. 商品采购表

商品采购表主要包含商品采购信息,如采购量、采购员等,如表2-3所示。

表2-3　商品采购表（Drugbuy）

字 段 名	字 段 类 型	字 段 宽 度	是 否 索 引
编号	字符型	6	普通索引
名称	字符型	26	
采购量	数值型	4	
采购员编号	字符型	5	

4. 商品信息表

商品信息表主要包含商品编号、名称、售价、进价和厂家等信息,如表2-4所示。

表2-4　商品信息表（Druginfo）

字 段 名	字 段 类 型	字 段 宽 度	小 数 位 数	是 否 索 引
编号	字符型	6		主索引
名称	字符型	26		
售价	数值型	10	2	
进价	数值型	10	2	
厂家	字符型	50		

5. 商品库存表

商品库存表主要包含商品库存信息,如编号、库存量、库存下限等,如表2-5所示。

表2-5　商品库存表（Drugstore）

字 段 名	字 段 类 型	字 段 宽 度	是 否 索 引
编号	字符型	6	主索引
名称	字符型	26	
库存	数值型	4	
下限	数值型	3	
更新时间	日期时间型	8	

6. 购物车记录表

购物车记录表主要包含购物记录信息,如购物车编号、客户、销售员编号等,如表2-6所示。

表2-6　购物车记录表（Shoppingcars）

字 段 名	字 段 类 型	字 段 宽 度	是 否 索 引
购物车编号	字符型	9	主索引
客户	字符型	6	

字 段 名	字 段 类 型	字 段 宽 度	是 否 索 引
销售员编号	字符型	5	普通索引
销售日期	日期时间型	8	
结算	逻辑型	1	

7. 购物车商品记录表

购物车商品记录表主要包含购物车的商品信息，如数量、售价和结算信息等，如表2-7所示。

表 2-7　购物车商品记录表（Shoppingcarsjl）

字 段 名	字 段 类 型	字 段 宽 度	小 数 位 数	是 否 索 引
购物车编号	字符型	9		普通索引
编号	字符型	6		普通索引
数量	数值型	4		
售价	数值型	10	2	
结算	逻辑型	1		

2.4　主要表单与菜单

2.4.1　欢迎表单

欢迎表单主要显示了欢迎界面信息，如图2-2所示。

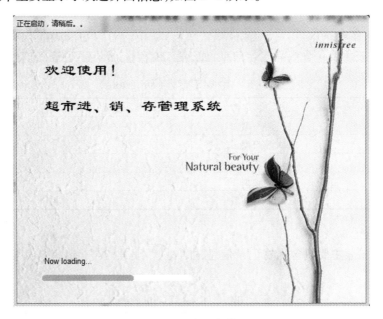

图 2-2　欢迎表单

该表单包含 line1，line2 和 timer1 控件。其中，Timer1 的 interval 属性设为8。

Timer1 的 timer 事件处理代码为：

```
if thisform. line2. width < 250
    thisform. line2. width = thisform. line2. width + 1
else
    do form 登录表单. scx
    thisform. release
endif
```

2.4.2　登录表单

欢迎界面大约两秒后自动关闭，打开登录界面，如图 2-3 所示。

系统目前将用户分为三大类：管理员、销售员和采购员。不同身份的用户登录，系统会自动根据不同权限打开相应的界面。单击"口令修改"按钮可进入个人密码修改界面。

本表单的数据来自于 sysuserdata 表。

"登录"按钮的 click 事件代码为：

图 2-3　登录表单

```
x1 = allt( thisform. text1. value)
x2 = allt( thisform. text2. value)
if empty( thisform. text1. value)
    messagebox('用户名不能为空! ',48,'错误提示')
    thisform. text1. value = " "
    thisform. text2. value = " "
    thisform. text1. setfocus
else
    locate for allt( sysuserdata. 用户名) = = x1 and allt( sysuserdata. 口令) = = x2
    if found( )
        do case
            case allt( sysuserdata. 权限) = "1"
                qx = 1
            case allt( sysuserdata. 权限) = "2"
                qx = 2
            case allt( sysuserdata. 权限) = "3"
                qx = 3
        endcase
        messagebox( "登录成功,欢迎使用!",64,"登录")
        do case
            case qx = 1
                do form 管理员主页. scx
            case qx = 2
                do form 销售员主页. scx
```

```
                    case qx = 3
                        do form 采购员主页. scx
                endcase
                yhm = allt( thisform. text1. value)
                thisform. release
            else
                messagebox("对不起,用户名或密码不正确,请重试!",48,"温馨提示")
                thisform. text1. value = ""
                thisform. text2. value = ""
                thisform. text1. setfocus
            endif
        endif
```

2.4.3　修改口令表单

单击图 2-3 的"口令修改"按钮进入密码修改页面,如图 2-4 所示。输入用户名和旧口令,在最下面两个文本框中输入新口令,要求必须一致,单击"修改"按钮即可完成。

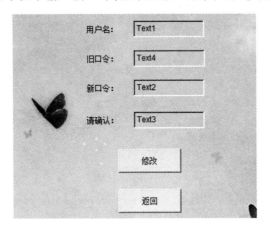

图 2-4　修改口令表单

"修改"按钮的 click 事件代码为:

```
x1 = allt( thisform. text1. value)
x2 = allt( thisform. text2. value)
x3 = allt( thisform. text3. value)
x4 = allt( thisform. text4. value)

if empty( thisform. text1. value)
    messagebox('用户名不能为空!',48,"温馨提示")
    thisform. text1. value = ""
    thisform. text2. value = ""
    thisform. text3. value = ""
    thisform. text4. value = ""
    thisform. text1. setfocus
```

```
else
    sele sysuserdata
    if x2 == x3
        locate for allt(sysuserdata. 用户名) == x1 and allt(sysuserdata. 口令) == x4
        if found()
            go recn()
            replace 口令 with x2
            messagebox("口令修改成功!",64,"温馨提示")
            thisform. release
        else
            messagebox("对不起,该用户名或密码不正确,请重试!",48,"温馨提示")
            thisform. text1. value = " "
            thisform. text2. value = " "
            thisform. text3. value = " "
            thisform. text4. value = " "
            thisform. text1. setfocus
        endif
    else
            messagebox("您输入的新口令不一致,请重试!",48,"温馨提示")
            thisform. text2. value = " "
            thisform. text3. value = " "
            thisform. text2. setfocus
    endif
endif
```

2.4.4　管理员主菜单

若为管理员登录,则打开如图 2-5 所示的管理员主菜单界面。

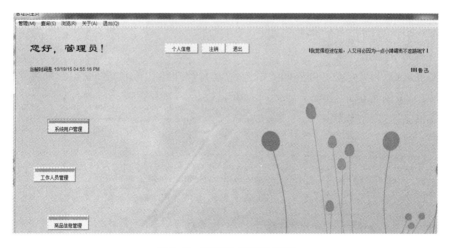

图 2-5　管理员主菜单界面

33

主界面每次都会随机在界面上显示名言,以激励员工,此设置在"销售员主页"和"采购员主页"中同样存在。

管理员主页的 init 事件代码为:

```
do 主菜单. mpr with this,. t.
thisform. command1. setfocus
thisform. label1. caption = " 当前时间是:" + allt( ttoc( datetime( ) ) )
a1 = rand( ) * 10
do case
    case a1 <= 2
        thisform. label2. caption = "_____安迪·格鲁夫"
        thisform. label3. caption = '"要想预见今后 10 年会发生什么,就要回顾过去 10 年中发生的
            事情。"'
    case a1 > 2 and a1 <= 4
        thisform. label2. caption = "_____卡莉·费奥莉娜"
        thisform. label3. caption = '"我首先是管理者,然后才是女人。"'
    case a1 > 4 and a1 <= 6
        thisform. label2. caption = "_____李嘉诚"
        thisform. label3. caption = '"当大街上遍地都是鲜血的时候,就是你最好的投资时机。"'
    case a1 > 6 and a1 <= 8
        thisform. label2. caption = "_____安德鲁·卡内基"
        thisform. label3. caption = ""如果把我的厂房设备、材料全部烧毁,但只要保住我的全班人
            马,几年以后,我仍将是一个钢铁大王。""
    case a1 > 8 and a1 <= 10
        thisform. label2. caption = "_____鲁 迅"
        thisform. label3. caption = ""我觉得坦途在前,人又何必因为一点小障碍而不走路呢?""
endcase
```

单击各按钮可进入不同管理、浏览等操作界面,单击"个人信息"按钮可浏览自己的相关资料,"注销"按钮则可返回登录界面重新登录。

下面介绍该界面包含的主要模块。

1. 主菜单的设置

通过主菜单可以实现主页界面上的左侧五大管理按钮的功能,也能查询员工、商品等相关资料,浏览销售记录。

主菜单的主要结构为:

```
管理(\ < M)    子菜单
    员工管理(\ < P)    子菜单
        系统用户管理    过程    _screen. activeform. release
                                do form 系统用户管理. scx
        工作人员管理    过程    _screen. activeform. release
                                do form 工作人员管理. scx
    商品管理(\ < D)    子菜单
        商品信息管理    过程    _screen. activeform. release
```

34

```
                              do form 商品信息管理.scx
     商品库存管理    过程    _screen.activeform.release
                              do form 商品信息管理.scx
查询(\<S)    子菜单
   商品信息查询(\<K)    命令  do form 商品信息查询.scx
   员工信息查询(\<W)    命令  do form 员工信息查询.scx
浏览(\<R)    子菜单
   商品销售一览    过程        _screen.activeform.release
                              do form 销售记录一览.scx
关于(\<A)    命令            do form 关于.scx
退出(\<Q)    过程            do case
                                case messagebox("确认退出?",1+32+256,"温馨提示")=1
                                _screen.activeform.release
                                do form 结束表单.scx
                              endcase
```

2. 系统用户管理表单

系统用户管理表单界面让管理员更方便快捷地管理员工的登录账号和密码,如图2-6所示。

管理员于此可对其进行添加、修改、删除等操作。若添加用户,则在方框中输入数据,确定用户名此前不存在后单击"保存"按钮即可完成添加;若修改数据,则在上方按钮处调至欲改数据,单击"修改"按钮后于方框内修改,确认完成单击"保存"按钮即可。

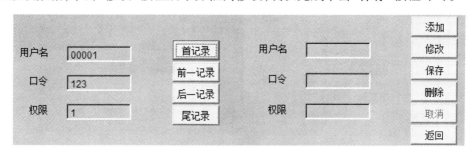

图2-6　系统用户管理表单

左侧按钮组的 click 事件代码是:

```
do case
    case this.value = 1
        goto top
    case this.value = 2
        if ! bof()
            skip  – 1
        endif
    case this.value = 3
        if ! eof()
            skip
```

```
            endif
        case this. value = 4
            goto bottom
    endcase
    thisform. refresh
```

3. 工作人员管理表单

工作人员管理表单包含一个计时器和一标签显示当前系统时间。右下侧有使用提示;在上侧按钮组中,单击可使文本框中数据变换以浏览记录,全体记录显示在上端表格中。下侧按钮组则用于记录的维护(添加、修改、删除),使管理员更加方便地添加、更正员工信息。该表单如图 2-7 所示。

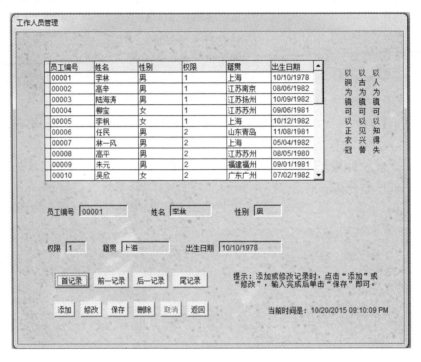

图 2-7 工作人员管理表单

"首记录"等记录浏览按钮组的 click 事件代码与图 2-6 相同,这里不再赘述。

"添加"、"修改"等按钮构成一个按钮组 cmg2。

其中,"添加"按钮(cmg2. cmd1)的 click 事件代码是:

```
thisform. cmg2. cmd2. enabled = . f.
thisform. cmg2. cmd4. enabled = . f.
thisform. cmg2. cmd5. enabled = . t.

thisform. txt 员工编号 . controlsource = " "
thisform. txt 姓名 . controlsource = " "
thisform. txt 性别 . controlsource = " "
thisform. txt 权限 . controlsource = " "
thisform. txt 籍贯 . controlsource = " "
```

```
thisform. txt 出生日期 . controlsource = " "

thisform. txt 员工编号 . value = " "
thisform. txt 姓名 . value = " "
thisform. txt 性别 . value = " "
thisform. txt 权限 . value = " "
thisform. txt 籍贯 . value = " "
thisform. txt 出生日期 . value = { }

thisform. txt 员工编号 . readonly = . f.
thisform. txt 姓名 . readonly = . f.
thisform. txt 性别 . readonly = . f.
thisform. txt 权限 . readonly = . f.
thisform. txt 籍贯 . readonly = . f.
thisform. txt 出生日期 . readonly = . f.

thisform. txt 员工编号 . setfocus
```

"修改" 按钮 （cmg2. cmd2） 的 click 事件代码是：

```
thisform. cmg2. cmd1. enabled = . f.
thisform. cmg2. cmd4. enabled = . f.
thisform. cmg2. cmd5. enabled = . t.
thisform. txt 员工编号 . readonly = . t.

thisform. txt 员工编号 . controlsource = " "
thisform. txt 姓名 . controlsource = " "
thisform. txt 性别 . controlsource = " "
thisform. txt 权限 . controlsource = " "
thisform. txt 籍贯 . controlsource = " "
thisform. txt 出生日期 . controlsource = " "

thisform. txt 姓名 . setfocus

thisform. txt 姓名 . readonly = . f.
thisform. txt 性别 . readonly = . f.
thisform. txt 权限 . readonly = . f.
thisform. txt 籍贯 . readonly = . f.
thisform. txt 出生日期 . readonly = . f.
```

"保存" 按钮 （cmg2. cmd3） 的 click 事件代码是：

```
x1 = allt （thisform. txt 员工编号 . value）
x2 = allt （thisform. txt 姓名 . value）
x3 = allt （thisform. txt 性别 . value）
x4 = allt （thisform. txt 权限 . value）
x5 = allt （thisform. txt 籍贯 . value）
```

```
x6 = thisform. txt 出生日期 . value


if thisform. txt 姓名 . readonly = . t.
    messagebox（"请先选择保存或修改记录!"，48,"温馨提示"）
else
    if empty（x1）or empty（x2）or empty（x3）or empty（x4）or empty（x5）or empty（x6）
        do case
            case thisform. txt 员工编号 . readonly = . f.
                messagebox（"新添的对象不能为空值，请重新输入!"，48,"温馨提示"）
            case thisform. txt 员工编号 . readonly = . t.
                messagebox（"修改的对象不能为空值，请重新输入!"，48,"温馨提示"）
        endcase
    else
        do case
            case thisform. txt 员工编号 . readonly = . f.
                locate for workerinfo. 员工编号 = allt（thisform. txt 员工编号 . value）
                if found（ ）
                    messagebox（"该员工编号已存在，请重新输入!"，48,"温馨提示"）
                    thisform. txt 员工编号 . value = " "
                    thisform. txt 员工编号 . setfocus
                else
                    if messagebox（"确定要新增员工信息吗?"，32 + 1,"温馨提示"）= 1
                        insert into workerinfo（员工编号，姓名，性别，权限，籍贯，出生日期）value
                        （x1，x2，x3，x4，x5，x6）
                        messagebox（"您新增的数据保存成功!"，64，'保存'）
                        thisform. txt 员工编号 . value = x1
                        thisform. txt 姓名 . value = x2
                        thisform. txt 性别 . value = x3
                        thisform. txt 权限 . value = x4
                        thisform. txt 籍贯 . value = x5
                        thisform. txt 出生日期 . value = x6
                        thisform. txt 员工编号 . controlsource = " workerinfo. 员工编号"
                        thisform. txt 姓名 . controlsource = " workerinfo. 姓名"
                        thisform. txt 性别 . controlsource = " workerinfo. 性别"
                        thisform. txt 权限 . controlsource = " workerinfo. 权限"
                        thisform. txt 籍贯 . controlsource = " workerinfo. 籍贯"
                        thisform. txt 出生日期 . controlsource = " workerinfo. 出生日期"
                        thisform. txt 员工编号 . readonly = . t.
                        thisform. txt 姓名 . readonly = . t.
                        thisform. txt 性别 . readonly = . t.
                        thisform. txt 权限 . readonly = . t.
                        thisform. txt 籍贯 . readonly = . t.
                        thisform. txt 出生日期 . readonly = . t.
                        thisform. cmg2. cmd5. enabled = . f.
                        thisform. cmg2. cmd2. enabled = . t.
```

```
            thisform. cmg2. cmd4. enabled =. t.
            thisform. grdworkerinfo. recordsource =' sele * from WORKERINFO into
                                cursor temp9 '
          endif
        endif
      case thisform. txt 员工编号. readonly =. t.
        if messagebox (" 确定要保存修改数据吗?", 32 + 1," 温馨提示") = 1
          replace 员工编号 with x1, 姓名 with x2, 性别 with x3, 权限 with x4, 籍贯
              with x5, 出生日期 with x6
          thisform. txt 姓名. controlsource =" workerinfo. 姓名"
          thisform. txt 员工编号. controlsource =" workerinfo. 员工编号"
          thisform. txt 性别. controlsource =" workerinfo. 性别"
          thisform. txt 权限. controlsource =" workerinfo. 权限"
          thisform. txt 籍贯. controlsource =" workerinfo. 籍贯"
          thisform. txt 出生日期. controlsource =" workerinfo. 出生日期"
          messagebox (" 您修改的数据保存成功!", 64, '保存')
          thisform. txt 姓名. readonly =. t.
          thisform. txt 性别. readonly =. t.
          thisform. txt 权限. readonly =. t.
          thisform. txt 籍贯. readonly =. t.
          thisform. txt 出生日期. readonly =. t.
          thisform. cmg2. cmd5. enabled =. f.
          thisform. cmg2. cmd1. enabled =. t.
          thisform. cmg2. cmd4. enabled =. t.
          thisform. grdworkerinfo. recordsource =' sele * from WORKERINFO into
                                cursor temp9 '
        endif
      endcase
      thisform. cmg1. cmd1. setfocus
    endif
  endif
thisform. refresh
```

"删除" 按钮 (cmg2. cmd4) 的 click 事件代码为:

```
x1 = allt (thisform. txt 员工编号. value)
if empty (x1)
  messagebox ('请先选择删除的记录! ', 48, '温馨提示')
else
  if messagebox (" 确定要删除吗? 记录将不能恢复!", 32 + 1 + 256, '温馨提示') = 1
    dele for allt (workerinfo. 员工编号) == x1
    pack
    thisform. cmg1. cmd1. setfocus
    thisform. grdworkerinfo. recordsource =' sele * from WORKERINFO into cursor
                                temp9 '
  endif
```

endif

"取消"按钮（cmg2. cmd5）的 click 事件代码为：

thisform. txt 员工编号 . controlsource = " workerinfo. 员工编号"

thisform. txt 姓名 . controlsource = " workerinfo. 姓名"

thisform. txt 性别 . controlsource = " workerinfo. 性别"

thisform. txt 权限 . controlsource = " workerinfo. 权限"

thisform. txt 籍贯 . controlsource = " workerinfo. 籍贯"

thisform. txt 出生日期 . controlsource = " workerinfo. 出生日期"

* 各文本框恢复只读

thisform. txt 员工编号 . readonly = . t.

thisform. txt 姓名 . readonly = . t.

thisform. txt 性别 . readonly = . t.

thisform. txt 权限 . readonly = . t.

thisform. txt 籍贯 . readonly = . t.

thisform. txt 出生日期 . readonly = . t.

thisform. cmg1. cmd1. setfocus

this. enabled = . f.

thisform. cmg2. cmd1. enabled = . t.

thisform. cmg2. cmd2. enabled = . t.

thisform. cmg2. cmd4. enabled = . t.

4. 销售记录浏览表单

在管理员主页中单击"商品销售一览"按钮则进入销售记录浏览界面。

在此界面中，用户可以浏览商品销售记录，包括购物车记录、购物车内商品信息记录、销售时间、销售员等信息，如图 2-8 所示。在表单左侧列表框中选定购物车记录，在右侧列表框中即可显示所选购物车内商品的相关记录。

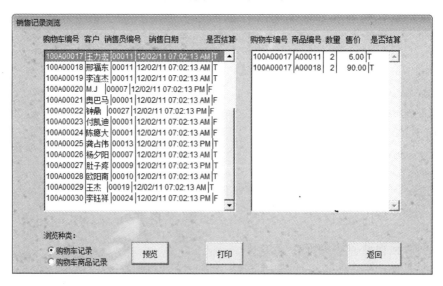

图 2-8　销售记录浏览表单

左侧列表框（List1）的 InteractiveChange 事件代码为：

x1 = allt（this. value）

thisform. list2. rowsource = 'sele ＊ from shoppingcarsjl where allt（shoppingcarsjl. 购物车编号）＝＝

x1 into cursor temp15 '

thisform. refresh

"预览"按钮（command2）的 click 事件代码为：

```
if thisform. opg1. value = 1
    report form 购物车记录. frx preview noconsole
else
    report form 购物车商品记录. frx preview noconsole
endif
```

"打印"按钮（command3）的 click 事件代码为：

```
if thisform. opg1. value = 1
    report form 购物车记录. frx to printer
else
    report form 购物车商品记录. frx to printer
endif
```

2.4.5 销售员主菜单

若为销售员登录，则打开如图 2-9 所示的界面。

图 2-9 销售员主菜单

销售员主菜单包括以下主要表单。

1. 创建购物车表单

在销售员主页中单击"创建购物车"按钮则进入如图 2-10 所示的界面。

创建购物车表单能让销售员高效、有序地添加销售数据，使得商品销售更加快捷，方便了顾客和销售员。在该界面中，销售员必须先输入将创建的购物车编号，单击"创建"按钮待系统检测无重复编号后，即可添加即将加入购物车的商品数据（记录不能为空值），完毕后单击"确定"按钮即可完成创建，此时表 shoppingcars 和 shoppingcarsjl 中会添加相应记录。若是创建途中因特殊情况需停止工作，点击"结束"按钮即可。

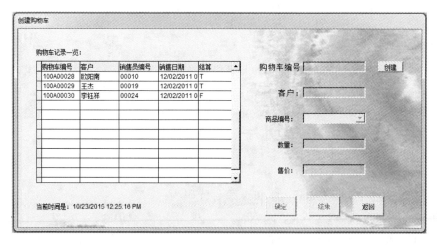

图 2-10　创建购物车表单

其中，"创建"按钮（command3）的 click 事件代码为：

```
cf = 0    && 全局变量
x1 = allt（thisform. text1. value）
if empty（x1）
  messagebox（" 创建的记录不能为空值!"，48，" 温馨提示"）
  thisform. text1. setfocus
else
  if left（x1，4）#'100A 'or len（x1）#9
    messagebox（" 购物车编号输入不正确，请重新输入! 正确格式：100A * * * * * *"，48，"
              温馨提示"）
    thisform. text1. value = " "
    thisform. text1. setfocus
  else
    locate for allt（shoppingcars. 购物车编号） == x1
    if found（）
      messagebox（" 该编号的购物车已存在，请重新输入!"，48，" 温馨提示"）
      thisform. text1. value = " "
      thisform. text1. setfocus
    else
      thisform. combo1. ROWSOURCE = 'druginfo. 编号'
      this. enabled = . f.
      thisform. command1. enabled = . t.
      thisform. command4. enabled = . t.
      thisform. text1. readonly = . T.
      thisform. text2. enabled = . t.
      thisform. combo1. enabled = . t.
```

42

```
            thisform. text4. enabled = . t.
            thisform. text2. setfocus
        endif
      endif
  endif
```

这里，cf 变量为全局变量，在此表单中用于判断售货员的行为。在 command1 "确定" 按钮的 click 代码中，若 cf = 0，则表示将创建的此记录为该编号购物车的第一条记录，cf = 1 则为第二条记录。由于对于同一编号的购物车来说（购物车编号不允许重复），两次添加的程序代码不相同，故借助此全局变量 cf 来判定。

"确定" 按钮（command1）的 click 事件为：

```
x1 = allt（thisform. text1. value）
x2 = allt（thisform. text2. value）
x3 = allt（thisform. combo1. value）
x4 = allt（thisform. text4. value）    && 数量
x5 = allt（thisform. text5. value）    && 售价
if empty（x5）or empty（x2）or empty（x3）or empty（x4）
    messagebox（" 创建的记录不能为空值!"，48," 温馨提示"）
else
    do case
      case cf = 0
        sele druginfo
        locate for allt（druginfo. 编号） = = x3
        if found（）
          go recn（）
          if messagebox（" 确定要创建购物车吗?"，32 + 1," 温馨提示"） = 1
            sele shoppingcars
            insert into shoppingcars（购物车编号，客户，销售员编号，销售日期，结算）
                value（x1，x2，yhm，datetime（），. f. ）
            insert into shoppingcarsjl（购物车编号，编号，数量，售价，结算）value
                （x1，x3，val（x4），val（x5），. f. ）
            messageb（" 购物车创建成功!"，64，'创建成功'）
            cf = 1
            thisform. text2. readonly = . t.
            thisform. text4. value = " "
            thisform. combo1. setfocus
          endif
        endif
      case cf = 1
        sele druginfo
        locate for allt（druginfo. 编号） = = x3
        if found（）
```

```
        go recn（）
    if messagebox（" 确定要创建购物车吗?"，32＋1，" 温馨提示"）＝1
        sele shoppingcars
        replace shoppingcars. 销售日期 with datetime（）
        insert into shoppingcarsjl（购物车编号，编号，数量，售价，结算）value
            （x1，x3，val（x4），val（x5），.f.）
        messageb（" 购物车创建成功!"，64，'创建成功'）
        cf＝1
        thisform. text2. readonly＝.t.
        thisform. text4. value＝""
        thisform. combo1. setfocus
    endif
        endif
    endcase
endif
thisform. refresh
```

"结束" 按钮（command4）的 click 事件代码为：

```
thisform. text1. value＝""
thisform. text2. value＝""
thisform. combo1. rowsource＝''
thisform. text4. value＝""
thisform. text5. value＝""
thisform. text1. readonly＝.f.
thisform. text2. readonly＝.f.
thisform. text2. enabled＝.f.
thisform. combo1. enabled＝.f.
thisform. text4. enabled＝.f.


thisform. command1. enabled＝.f.
thisform. command3. enabled＝.t.
thisform. command4. enabled＝.f.
thisform. text1. setfocus
```

2. 购物结算表单

在销售员主页单击 "购物结算" 按钮则进入如图 2-11 所示的界面。

购物结算界面用于销售员结算自己创建的购物车，在组合框中选定购物车编号，单击 "打开购物车" 按钮，左侧表格即显示该购物车中商品的相关信息，此时该购物车所有商品的售价总金额会显示在 "结算" 左侧文本框中，单击 "结算" 按钮，购物车的结算标识会变成 "已结算（.T.）"（如果之前购物车还未结算的话），同时商品库存表中 "库存" 记录会扣去相应的售出数量。

这里，"购物车编号"（combo1）的主要功能是将购物车的销售日期、客户信息显示在文本框中，它的 interactivechange 事件代码为：

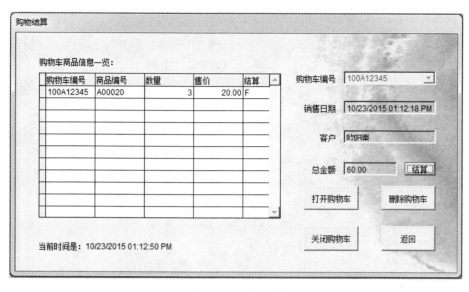

图 2-11 购物结算表单

```
x3 = allt（thisform. combo1. value）
sele shoppingcars
locate for allt（shoppingcars. 购物车编号）＝＝x3 and allt（shoppingcars. 销售员编号）＝＝yhm
if found（）
  go recn（）
  thisform. text1. value = allt（shoppingcars. 客户）
  thisform. text3. value = shoppingcars. 销售日期
endif
thisform. refresh
```

"打开购物车"（command2）的 click 事件代码是：

```
dimension js（1）
x1 = allt（thisform. combo1. value）
if empty（x1）
  messagebox（" 请先选择将打开的购物车!"，48，" 温馨提示"）
  thisform. combo1. setfocus
else
  sele sum（shoppingcarsjl. 售价 * shoppingcarsjl. 数量）from shoppingcarsjl where
      allt（shoppingcarsjl. 购物车编号）＝＝x1 into array js
  thisform. command3. enabled = . t.
  thisform. Grid1. recordsourcetype = 4
  thisform. Grid1. recordsource = 'select shoppingcarsjl. 购物车编号，shoppingcarsjl. 编号，shopping-
      carsjl. 数量，shoppingcarsjl. 售价，shoppingcarsjl. 结算 from shoppingcarsjl where allt
      （shoppingcarsjl. 购物车编号）＝＝x1 group by shoppingcarsjl. 编号 order by shopping-
      carsjl. 编号 into cursor temp2 '
  thisform. command5. enabled = . t.
```

```
    thisform. command5. setfocus
    thisform. text2. value = js（1）
    thisform. combo1. enabled = . f.
    thisform. refresh
endif
```

"删除购物车"（command4）的 click 事件代码为：

```
if empty（thisform. combo1. value）
    messagebox（"请先选定要删除的记录!"，48，"温馨提示"）
else
    if messagebox（"确定要删除吗? 记录将不能恢复!"，1 + 32 + 256，"温馨提示"）= 1
        sele shoppingcarsjl
        delete for allt（shoppingcarsjl. 购物车编号）== allt（thisform. combo1. value）
        pack
        sele shoppingcars
        delete for allt（shoppingcars. 购物车编号）== allt（thisform. combo1. value）
        pack
        with thisform
            . text1. value = ''
            . text2. value = ''
            . text3. value = ''
        endwith
        thisform. combo1. rowsource = ' select shoppingcars. 购物车编号 from shoppingcars where allt
            （shoppingcars. 销售员编号）== yhm into cursor temp4 '
        thisform. command5. enabled = . f.
        thisform. command3. enabled = . f.
        thisform. combo1. enabled = . t.
        thisform. grid1. recordsource = ''
        thisform. refresh
    endif
endif
thisform. combo1. setfocus
```

"关闭购物车"（command3，仅在购物车打开时可用）的 click 事件代码为：

```
this. enabled = . f.
thisform. command5. enabled = . f.
thisform. combo1. enabled = . t.
thisform. Grid1. recordsource = " "
thisform. text2. value = ''
thisform. combo1. setfocus
thisform. refresh
```

"结算"（command5）的 click 事件代码为：

```
local x1
```

```
locate for allt（shoppingcars. 购物车编号） ＝＝allt（thisform. combo1. value）
if found（ ）
go recn（ ）
    if shoppingcars. 结算 ＝. t.
    messagebox（" 该购物车已结算!"，48,"温馨提示"）
        thisform. text2. value ＝''
        thisform. command5. enabled ＝. f.
        thisform. command3. enabled ＝. f.
        thisform. combo1. enabled ＝. t.
            thisform. combo1. setfocus
        else
            sele shoppingcarsjl
            scan for allt（shoppingcarsjl. 购物车编号） ＝＝allt（thisform. combo1. value）
                repl shoppingcars. 结算 with. t.
                repl shoppingcars. 销售日期 with datetime（ ）
                repl shoppingcarsjl. 结算 with. t.
                x1 ＝ shoppingcarsjl. 数量
                repl drugstore. 库存 with drugstore. 库存－x1，drugstore. 更新时间 with datetime（ ）
            endscan
            messageb（'结算成功! '，64，'温馨提示'）
            thisform. combo1. setfocus
        endif
endif
thisform. text2. value ＝''
thisform. command5. enabled ＝. f.
thisform. command3. enabled ＝. f.
thisform. combo1. enabled ＝. t.
thisform. grid1. recordsource ＝''
thisform. refresh
```

3. 销售业绩表单

在销售员主页单击"销售业绩"按钮则进入如图 2-12 所示的界面。

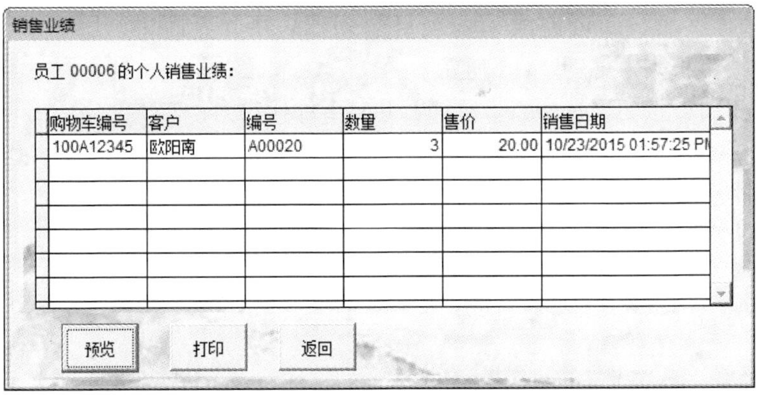

图 2-12　销售业绩浏览表单

销售业绩浏览表单用于浏览个人销售记录，让员工了解自己工作的情况并树立每一天的目标，每一天都更加高效，可浏览"个人销售业绩"报表并可打印。

2.4.6 采购员主菜单

若为采购员登录，则打开如图2-13所示的采购员主页。

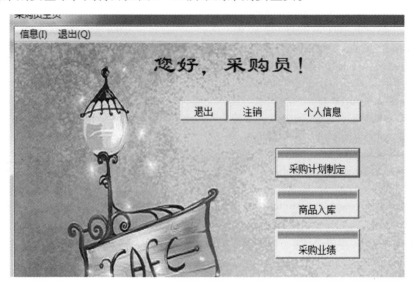

图2-13 采购员主菜单

采购员主页可以让用户调出采购计划制定、商品入库、个人采购业绩等界面，包含以下主要功能。

1. 采购计划制定表单

采购计划制定表单界面针对采购员的工作量身定做，用户可根据库存商品信息制定相应计划以补充商品库存，使整个系统工作有条不紊、超市运转高速健康。左上角的表格显示全部库存商品，左下角的表格则可以浏览零库存商品记录便于制定采购计划。用户使用时，只要在右下角的"编号"组合框中选择相应的商品编号，输入采购量，确定无误后单击"添加"即可完成采购项目的创建。在此界面中，用户可浏览及打印"个人采购业绩"报表。如图2-14所示。

其中，"添加"按钮（command2）的click事件代码为：

```
x1 = allt（thisform. text1. value）
x2 = allt（thisform. combo1. value）
x3 = allt（thisform. text3. value）
if empty（x1）or empty（x2）or empt（x3）
    messagebox（'不能添加空值！'，48，'温馨提示'）
else
    if messagebox（" 确定添加该记录？记录将无法修改！"，32 + 1，" 温馨提示"）＝1
        insert into drugbuy（名称，编号，采购量，采购员编号）value（x1，x2，val（x3），yhm）
        thisform. text1. value = ''
        thisform. combo1. value = ''
```

```
            thisform. text3. value = ''
            thisform. combo1. setfocus
            thisform. grid1. recordsource = 'Sele drugbuy. 编号，drugbuy. 名称，drugbuy. 采购量 from drug-
                      buy where drugbuy. 采购员编号 = yhm into cursor temp6 '
        endif
    endif
thisform. refresh
```

图 2-14　采购计划制定表单

2. 商品入库表单

在采购员主页单击"商品入库"按钮则进入如图 2-15 所示的界面。

图 2-15　商品入库表单

其中，"保存"按钮（command1）的 click 事件代码为：

```
local x4
x1 = allt（thisform. text2. value）
x2 = allt（thisform. combo2. value）
x3 = allt（thisform. text1. value）
do case
    case empty（thisform. combo2. value）
        messagebox（'商品编号不能为空！'，48，'温馨提示'）
        thisform. combo2. setfocus
    otherwise
        sele drugstore
        locate for allt（drugstore. 名称）== x1 and allt（drugstore. 编号）== x2
        if found（）
            go recn（）
            x4 = val（allt（str（drugstore. 库存）））
            if len（allt（str（val（x3）+ x4）））> 4
                messagebox（'入库后库存已达上限，请重新输入！'，48，'温馨提示'）
                thisform. text1. value = ""
                thisform. text1. setfocus
            else
                replace 库存 with 库存 + val（x3）
                thisform. text1. value = ""
                thisform. text1. setfocus
            endif
        endif
endcase
```

3. 采购业绩表单

在采购员主页点击"采购业绩"则进入如图 2-16 所示的界面。

采购业绩表单用于采购员浏览自己的个人采购业绩并支持打印。

图 2-16　采购业绩表单

2.5　主程序及其代码

本应用系统主程序包括基本环境设置、系统环境清除、全局变量设置和相应表单的启动等。

本系统使用的全局变量包括 qx、yhm 和 cf；本地变量为 npath。

其中，qx 用于记录登录者的权限，便于区分登录者身份，以打开相应表单；yhm 用于记录登录者的用户名，在后续的程序中设置登录者相应信息；cf 用于"创建购物车"表单中，该全局变量用于区分销售员创建购物车的具体行为。npath 为本地变量，用于记录主程序所在路径，然后设置为该系统的相对路径。

此外，clear popu 命令用来释放内存中所有用 DEFINE POPUP 命令创建的菜单定义。clear wind 命令释放内存中所有的用户自定义窗口。clear prog 命令用来清除已编译程序的缓冲区。

以下为详细代码：

```
* 关闭主屏幕 "最大化"、"最小化" 和 "关闭" 按钮
_ SCREEN. controlbox = . f.

* 清除环境
close all
clear menu
clear popu
clear wind
clear prog
clear memory
Clear

* 基本设置
set talk off
set century on
set exact off
set exclusive on
set safety off
set deleted on
set sysmenu off

* 设置全局变量
public qx，yhm，cf

* 设置默认路径
local npath
npath = sys（5）＋sys（2003）
set default to &npath

* 启动表单
do form 欢迎表单 . scx
read event
```

2.6 报表设计

本系统共 5 个报表，设计不同功能雷同，在此举一例说明。

图 2–17 为 "采购计划制定" 报表，用来查看以及输出至打印设备。yhm 作为记录

员工编号的全局变量，在此处调出用于指明采购计划制定者。

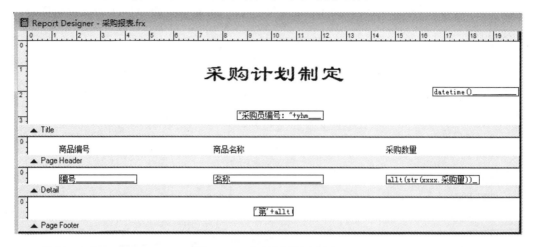

图 2-17　采购计划制定报表

第二部分

第 3 章　工资管理系统

第 4 章　人力资源管理系统

第 5 章　图书管理系统

第 6 章　培训管理系统

第 7 章　家电管理系统

第 8 章　合同管理系统

第 9 章　商业汇票管理系统

第 10 章　账务处理系统

第 11 章　销售管理系统

第3章 工资管理系统

3.1 系统主要功能

本系统旨在帮助小型企业进行工资的管理工作。在该系统中，用户可以进行人员的增删改，也可以管理企业的部门数目和名称，同时可以对各员工的工资进行相应的修改，让工资更加透明，便于管理。

本系统的主要功能如图3-1所示。

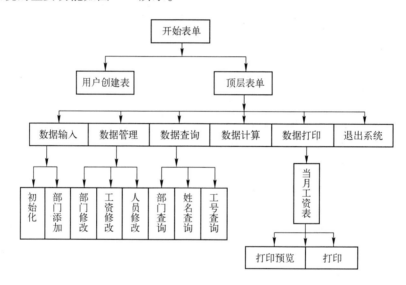

图3-1 系统功能模块

本系统主要包括数据输入、数据管理、数据查询、数据计算、数据打印等功能。其中，数据输入又包括初始化和部门添加两个功能，数据管理涉及部门修改、工资修改和人员修改，数据查询主要包括部门查询、姓名查询和工号查询。

3.2 系统设计

数据库中包括4张数据库表，分别为：

1. 部门编码表

部门编码表主要包含部门信息，如表3-1所示。

表 3-1 部门编码表 (bmdbf)

字 段 名	字 段 类 型	字 段 宽 度	含 义	是 否 索 引
bmbh	字符型	3	部门编号	主索引
bmmc	字符型	10	部门名称	

2. 原始工资表

原始工资表主要包含原始工资信息，如工号、姓名、性别、加班信息、请假信息和扣款信息等，如表 3-2 所示。

表 3-2 原始工资表 (qtdbf)

字 段 名	字 段 类 型	字 段 宽 度	含 义	是 否 索 引
xm	字符型	12	姓名	
csny	日期型	8	出生年月	
xb	字符型	2	性别	
gh	字符型	3	工号	主索引
szbm	字符型	10	所在部门	
zw	字符型	10	职位	
xl	字符型	4	学历	
ygz	数值型	(8, 2)	原工资	
cqr	数值型	4	出勤日	
xz	数值型	(8, 2)	薪资	
jbss	数值型	(4, 1)	加班时数	
jbgz	数值型	(7, 2)	加班工资	
tlj	数值型	(8, 2)	养老金	
hsbt	数值型	(8, 2)	伙食补贴	
zwbt	数值型	(8, 2)	职位补贴	
xlbt	数值型	(8, 2)	学历补贴	
qqj	数值型	(8, 2)	全勤奖	
qtjl	数值型	(8, 2)	其它奖励	
sjts	数值型	4	事假天数	
bjts	数值型	4	病假天数	
kgts	数值型	4	旷工天数	
wgkk	数值型	(8, 2)	违规扣款	
hskk	数值型	(8, 2)	伙食扣款	
grsds	数值型	(8, 2)	个人所得税	
yfhj	数值型	(8, 2)	应发合计	
kkhj	数值型	(8, 2)	扣款合计	
sfhj	数值型	(8, 2)	实发合计	

3. 当月工资表 (cshdbf)

当月工资表字段与原始工资表相同，这里不再赘述。

4. 密码表

密码表主要包含密码信息，如表 3-3 所示。

表 3-3　密码表（mmdbf）

字 段 名	字 段 类 型	字 段 宽 度	含 义	是 否 索 引
yhm	字符型	10	用户名	
mm	字符型	6	密码	

3.3　主要表单的设计

3.3.1　开始表单

开始表单主要进行用户登录，如图 3-2 所示。

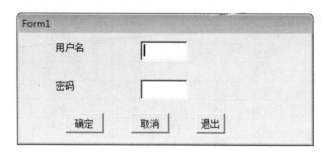

图 3-2　开始表单

"确定"按钮（command1）的 click 事件处理代码与 1.4.3 节类似，这里不再赘述。

3.3.2　用户创建表单

用户创建表单主要用于新用户的创建，如图 3-3 所示。

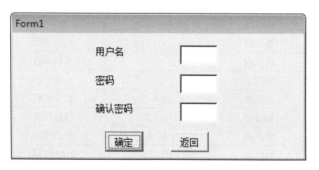

图 3-3　用户创建表单

"确定"按钮（command1）的 click 事件代码为：

a1 = allt（thisform. text1. value）

b1 = allt（thisform. text2. value）

c1 = allt（thisform. text3. value）

if empty（a1）or empty（b1）or empty（c1）

　　= messagebox（" 请输完整"，0 + 16," 提示"）

```
    else
      if b1 < >c1
        = messagebox（" 您输入的密码有误"，0 + 64," 提示"）
        thisform. text2. value = " "
        thisform. text3. value = " "
      else
        locate for mmdbf. yhm = a1
        if found（ ）
          = messagebox（" 用户名已存在"，0 + 64," 提示"）
          thisform. text1. value = " "
          thisform. text2. value = " "
          thisform. text3. value = " "
        else
          if len（b1） < >6
            = messagebox（" 请输入六位密码"，0 + 16," 提示"）
          else
            insert into mmdbf（yhm，mm）values（a1，b1）
            thisform. text1. value = " "
            thisform. text2. value = " "
            thisform. text3. value = " "
          endif
        endif
      endif
    endif
thisform. refresh
```

3.3.3　顶层表单

顶层表单主要展示主菜单，包括数据输入、数据管理、数据查询、数据打印和数据计算等菜单项，如图 3-4 所示。

图 3-4　顶层表单

其中，form1 的 init 事件代码为：

Do 主菜单. mpr with this，. t.

3.3.4　初始化表单

初始化表单用来响应薪资、加班时数、其他奖励、违规扣款、伙食扣款、个人所得税的 mousemove 事件，计算机自动计算出相应数值。其中，姓名、出生年月、性别、工号、所在部门、职位、学历这些禁止改动项 enabled 属性设置为 . f. 。

57

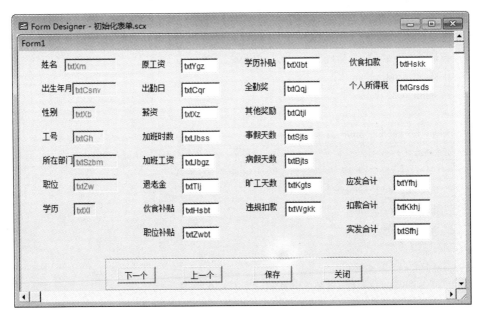

图 3-5　初始化表单

下面以薪资计算为例进行说明：

thisform. txtyfhj. enabled = . t.

thisform. txtkkhj. enabled = . t.

thisform. txtsfhj. enabled = . t.

thisform. txtxz. enabled = . t.

thisform. txtxz. value = thisform. txtygz. value/26 * thisform. txtcqr. value

thisform. txtyfhj. value = thisform. txtxz. value + thisform. txtjbgz. value + thisform. txttlj. value + thisform. txthsbt. value + thisform. txtzwbt. value + thisform. txtxlbt. value + thisform. txtqqj. value + thisform. txtqtjl. value

thisform . txtkkhj. value = thisform. txtwgkk. value + thisform. txthskk. value + thisform. txtgrsds. value

thisform . txtsfhj. value = thisform. txtxz. value + thisform. txtjbgz. value + thisform. txttlj. value + thisform. txthsbt. value + thisform. txtzwbt. value + thisform. txtxlbt. value + thisform. txtqqj. value + thisform. txtqtjl. value − (thisform. txtwgkk. value + thisform. txthskk. value + thisform. txtgrsds. value)

"保存" 按钮 （commandgroup1. command1） 的 click 事件代码为：

cqr1 = thisform. txtcqr. value

xz1 = thisform. txtxz. value

jbss1 = thisform. txtjbss. value

jbgz1 = thisform. txtjbgz. value

tlj1 = thisform. txttlj. value

bjts1 = thisform. txtbjts. value

sjts1 = thisform. txtsjts. value

kgts1 = thisform. txtkgts. value

wgkk1 = thisform. txtwgkk. value

hskk1 = thisform. txthskk. value

grsds1 = thisform. txtgrsds. value

yfhj1 = thisform. txtyfhj. value

kkhj1 = thisform. txtkkhj. value

sfhj1 = thisform. txtsfhj. value

insert into；

cshdbf（xm, gh, szbm, zw, xl, xz, ygz, xb, cqr, jbgz, tlj, hsbt, zwbt, xlbt, qqj, qtjl, sjts,
    bjts, kgts, wgkk, hskk, grsds, yfhj, kkhj, sfhj）；

values（qtdbf. xm, qtdbf. gh, qtdbf. szbm, qtdbf. zw, qtdbf. xl, xz1, qtdbf. ygz, qtdbf. xb, cqr1,
    jbss1, jbgz1, qtdbf. tlj, qtdbf. zwbt, qtdbf. xlbt, qtdbf. qqj, qtdbf. qtjl, sjts1, bjts1,
    kgts1, wgkk1, hskk1, grsds1, yfhj1, kkhj1, sfhj1）

= messagebox（" 修改完成", 0 + 64," 提示"）

thisform. refresh

3.3.5　查询表单

查询表单用于数据的查询，包括姓名、工号和部门等查询，如图 3-6 ~ 图 3-8
所示。

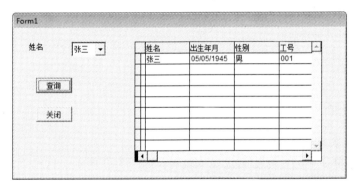

图 3-6　姓名查询

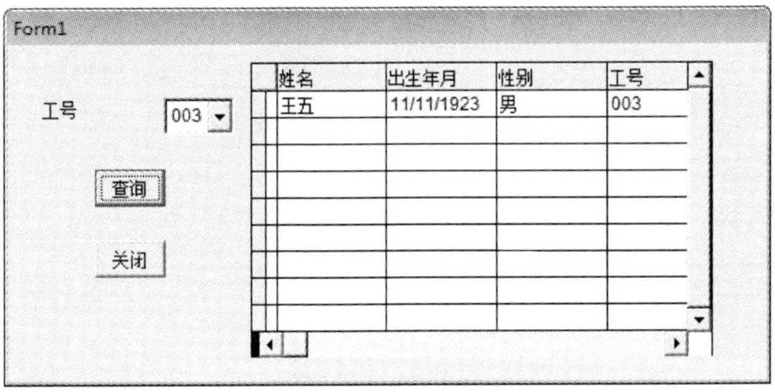

图 3-7　工号查询

以姓名查询为例，此表单需要设置相应的数据环境，并进行相关属性的设置。

Combo1 的 style 属性设为 0 - 下拉列表框，Rowsourcetype 属性为 3-SQL 语句，Row-
source 属性为 " sele xm from cshdbf into cursor xm"，其中，cshdbf 为当月工资表。

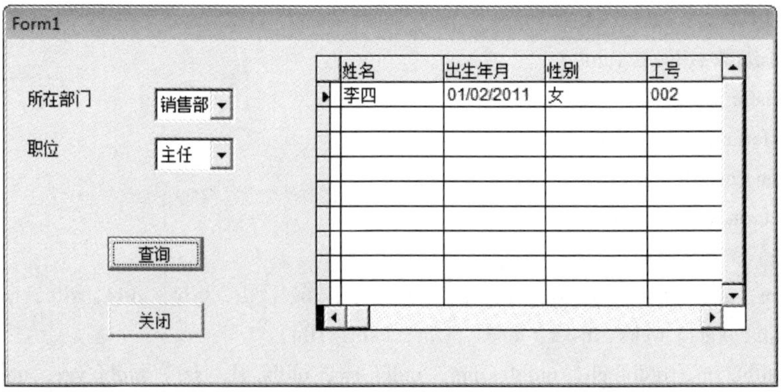

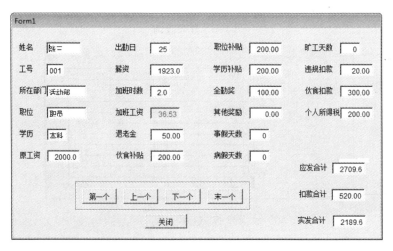

图 3-8　部门查询

"查询"按钮（command1）的 click 事件代码为：

```
sele cshdbf
set filter to
loca for allt（cshdbf. xm）＝＝allt（thisform. combo1. value）
if found（）
   set filter to cshdbf. xm＝allt（thisform. combo1. value）
else
   ＝messagebox（" 记录中无此人！"，0＋48，" 错误"）
   thisform. combo1. setfocus
endif
thisform. refresh
```

3.3.6　修改表单

1. 工资修改表单

工资修改表单基本设置与初始化表单相同，如图 3-9 所示，这里不再赘述。

图 3-9　工资修改表单

2. 人员修改表单

人员修改表单数据环境为部门编码表和原始工资表。主要包含以下功能。

1）人员添加

人员添加表单实现员工的添加，如图3-10所示。

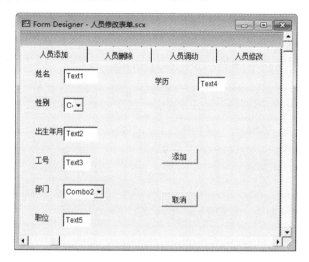

图3-10　人员添加表单

"添加"按钮（pageframe1. page1）的 click 事件代码为：

```
a1 = thisform. pageframe1. page1. text1. value
b1 = thisform. pageframe1. page1. combo1. value
c1 = dtoc( thisform. pageframe1. page1. text2. value)
d1 = thisform. pageframe1. page1. text3. value
e1 = thisform. pageframe1. page1. combo2. value
f1 = thisform. pageframe1. page1. text5. value
g1 = thisform. pageframe1. page1. text4. value
if len( a1) = 0 or len( b1) = 0 or len( c1) = 0 or len( d1) = 0 or len( e1) = 0 or len( f1) = 0 or len( g1)
  = 0
  = messagebox( "输入项不能为空!",0 + 16,"错误!")
else
  locate for allt( qtdbf. gh) = alltrim( d1)
  if found( )
    = messagebox( "该工号已存在!",0 + 16,"错误!")
    thisform. text3. value = ""
  else
    insert into qtdbf( xm,xb,csny,gh,szbm,zw,xl) values( a1,b1,ctod( c1),d1,e1,f1,g1)
    messagebox( "修改完成",0 + 64,"提示")
  endif
endif
thisform. pageframe1. page1. text1. value = ""
thisform. pageframe1. page1. combo1. value = ""
```

thisform. pageframe1. page1. text2. value = | |

thisform. pageframe1. page1. text3. value = " "

thisform. pageframe1. page1. combo2. value = " "

thisform. pageframe1. page1. text5. value = " "

thisform. pageframe1. page1. text4. value = " "

thisform. refresh

2）人员删除

人员删除表单实现员工的删除，如图 3-11 所示。

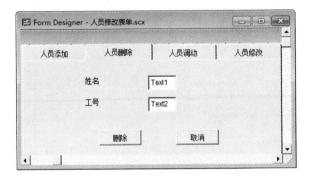

图 3-11　人员删除表单

"删除"按钮（pageframe1. page2）的 click 事件代码为：

a1 = allt(thisform. pageframe1. page2. text1. value)

b1 = allt(thisform. pageframe1. page2. text2. value)

locate for allt(qtdbf. xm) = a1 and allt(qtdbf. gh) = b1

if found( )

　　if messagebox("是否确定删除此人" ,1 + 32 + 256 ,"提示") = 1

　　　delete for allt(qtdbf. xm) = a1 and allt(qtdbf. gh) = b1

　　　pack

　　　messagebox("修改完成" ,0 + 64 ,"提示")

　　　thisform. refresh

　　endif

else

　　= messagebox("查无此人" ,0 + 16 ,"错误")

endif

thisform. pageframe1. page2. text1. value = " "

thisform. pageframe1. page2. text2. value = " "

3）人员调动

人员调动表单实现员工的部门调动，如图 3-12 所示。
输完姓名之后会自动显示某个员工的原部门和原职位。

"原部门"所对应的文本框（Text4）的 mousemove 事件代码为：

LPARAMETERS nButton, nShift, nXCoord, nYCoord

thisform. pageframe1. page3. text4. enabled = . f.

a1 = allt(thisform. pageframe1. page3. text3. value)

b1 = allt(thisform. pageframe1. page3. text6. value)

if empty(a1) or empty(b1)

 = messagebox("请输完整",0 + 16,"错误")

else

 sele qtdbf. szbm from qtdbf where xm = a1 and gh = b1 into cursor mm

 thisform. pageframe1. page3. text4. value = mm. szbm

 thisform. refresh

endif

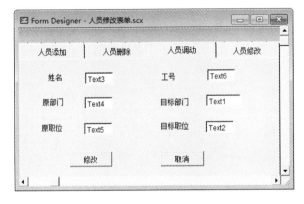

图 3-12　人员调动表单

"原职位"(text5)的 mousemove 事件代码为:

LPARAMETERS nButton, nShift, nXCoord, nYCoord

thisform. pageframe1. page3. text5. enabled = . f.

a1 = allt(thisform. pageframe1. page3. text3. value)

b1 = allt(thisform. pageframe1. page3. text6. value)

if empty(a1) or empty(b1)

 = messagebox("请输完整",0 + 16,"错误")

else

 sele qtdbf. zw from qtdbf where xm = a1 and gh = b1 into cursor mm

 thisform. pageframe1. page3. text5. value = mm. zw

 thisform. refresh

endif

"修改"按钮(pageframe1. page3)的 click 事件代码为:

a1 = (thisform. pageframe1. page3. text1. value)

b1 = (thisform. pageframe1. page3. text2. value)

if empty(a1) or empty(b1)

 messagebox("请输入目标部门与职位",0 + 16,"提示")

else

 replace qtdbf. szbm with a1, qtdbf. zw with b1

 messagebox("修改完成",0 + 64,"提示")

 thisform. refresh

endif

thisform. pageframe1. page3. text1. value = " "

thisform. pageframe1. page3. text2. value = " "

thisform. pageframe1. page3. text3. value = " "

thisform. pageframe1. page3. text4. value = " "

thisform. pageframe1. page3. text5. value = " "

thisform. pageframe1. page3. text6. value = " "

4）人员修改

人员修改表单实现员工信息的改动,如图 3-13 所示。

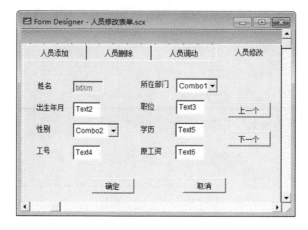

图 3-13　人员修改表单

其中,"确定"按钮(pageframe1. page4)的 click 事件代码为:

a1 = thisform. pageframe1. page4. text6. value

b1 = thisform. pageframe1. page4. combo2. value

c1 = dtoc(thisform. pageframe1. page4. text2. value)

d1 = thisform. pageframe1. page4. text3. value

e1 = thisform. pageframe1. page4. combo1. value

f1 = thisform. pageframe1. page4. text5. value

g1 = thisform. pageframe1. page4. text4. value

if empty(b1) or empty(c1) or empty(d1) or empty(e1) or empty(f1) or empty(g1)

　= messagebox("输入值不能为空",0 + 16,"错误")

else

　replace qtdbf. xb with b1 ,qtdbf. csny with ctod(c1) ,qtdbf. zw with d1 ,qtdbf. gh with g1 ,qtdbf. xl

with f1 ,qtdbf. szbm with e1 ,qtdbf. ygz with val(a1)

　messagebox("修改完成",0 + 64,"提示")

endif

thisform. refresh

thisform. pageframe1. page4. text6. value = " "

thisform. pageframe1. page4. combo1. value = " "

thisform. pageframe1. page4. text2. value = { }

thisform. pageframe1. page4. text3. value = " "

thisform. pageframe1. page4. combo2. value = " "

```
thisform. pageframe1. page4. text5. value = " "
thisform. pageframe1. page4. text4. value = " "
```

3.3.7 部门数据处理

1. 部门输入表单

部门输入表单界面如图 3-14 所示。

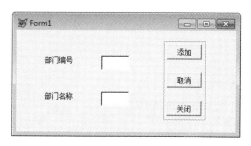

图 3-14　部门输入表单

"添加"按钮的 click 事件代码为:

```
a1 = allt( thisform. text1. value)
b1 = allt( thisform. text2. value)
with thisform
  . text1. value = " "
  . text2. value = " "
endwith
if len( a1 ) = 0 or len( b1 ) = 0
  = messagebox( "输入项不能为空!",0 + 16,"错误!")
  thisform. text1. setfocus
else
  locate for allt( bmdbf. bmbh) = a1 or allt( bmdbf. bmmc) = b1
  if found( )
    = messagebox( "该部门编号或名称已存在",0 + 64,"提示")
    thisform. text1. setfocus
  else
    insert into bmdbf( bmbh,bmmc) value( a1,b1)
    messagebox( "修改完成",0 + 64,"提示")
  endif
endif
```

2. 部门修改表单

部门修改表单涉及对 bmdbf、qtdbf 和 cshdbf 的操作,界面如图 3-15 所示。

"确定"按钮的 click 事件代码为:

```
a1 = allt( thisform. combo1. value)
sele bmdbf. bmmc from bmdbf where bmbh = a1 into cursor mm
c1 = allt( mm. bmmc)
b1 = allt( thisform. text1. value)
```

```
if empty(a1) or empty(b1)
    = messagebox("请输完整",0+16,"提示")
  thisform. combo1. setfocus
else
  if messagebox("确定修改吗",1+32,"提示") = 2
    thisform. combo1. value = " "
    thisform. text1. value = " "
    thisform. combo1. setfocus
  else
    sele qtdbf
    scan all for allt(qtdbf. szbm) = c1
      replace qtdbf. szbm with thisform. text1. value
    endscan
    sele cshdbf
    scan all for allt(cshdbf. szbm) = c1
      replace cshdbf. szbm with thisform. text1. value
    endscan
    sele bmdbf
    locate for bmdbf. bmbh = thisform. combo1. value
    replace bmdbf. bmmc with thisform. text1. value
    messagebox("修改完成",0+64,"提示")
  endif
endif
thisform. combo1. value = " "
thisform. text1. value = " "
thisform. refresh
```

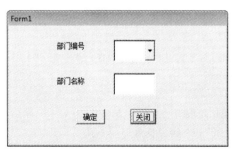

图 3-15　部门修改表单

3.3.8　计算表单

计算表单界面如图 3-16 所示,实现对总人数、工资总额、平均工资的计算。
"计算"按钮的 click 事件代码为:

```
dimension zhi(3)
sele count( * ),sum(cshdbf. sfhj),avg(cshdbf. sfhj);
```

```
from cshdbf into array zhi
thisform. text1. value = zhi(1)
thisform. text2. value = zhi(2)
thisform. text3. value = zhi(3)
thisform. refresh
```

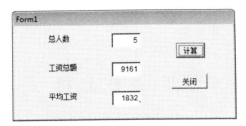

图 3-16　计算表单

第4章　人力资源管理系统

4.1　系统分析

功能完善及操作方便的人力资源管理系统,可以大大提高管理员的工作效率,及时准确地反映员工的基本信息及薪酬情况,是所有企事业单位所必需的。本系统将人力资源的统计从人工直接统计中解放出来,利用计算机来统计,直接获得准确信息,使职员管理工作系统化、规范化、自动化。

本系统的主要功能模块包括登录模块、档案更新模块、档案统计模块、档案输出模块以及密码管理和报表打印,如表4-1所示。

表4-1　系统功能模块

模　块	功　能
登录模块	输入正确的用户名、密码、等级方可进入到主菜单
档案更新	人事记录的增加:可直接添加人事记录,根据提示输入新的人事数据
	人事记录的修改:可以通过单击"编辑"按钮进行修改
	人事记录的删除:可以通过单击"删除"按钮删除某条记录
档案统计	统计职工年龄情况:根据职工的年龄进行统计
	统计职工政治面目:根据职工的政治面貌进行统计
	统计职工婚姻状况:根据职工的婚姻状况进行统计
	统计职工文化程度:根据职工的文化程度进行统计
	统计职工民族情况:根据职工的民族进行统计
档案输出	查询输出个人简历:浏览输出职工个人简历基本信息
	查询输出家庭成员:浏览输出职工家庭成员基本信息
	查询输出人事卡片:浏览输出职工人事基本信息
	查询输出社会关系:浏览输出职工社会关系基本信息
修改密码	密码的修改
报表打印	报表的打印

4.2　系统数据库设计

数据库中主要包括五张数据库表,分别为:

1. 人事基本信息表

人事基本信息表主要包含人事基本信息,如表4-2所示。

表4-2 人事基本信息表(rskp)

字 段 名	字 段 类 型	字 段 宽 度	小 数 位 数	是 否 索 引
代号	字符型	4		主索引
部门	字符型	8		
姓名	字符型	8		
性别	字符型	2		
现任职务	字符型	10		
出生年月	日期型	8		
民族	字符型	2		
籍贯	字符型	10		
政治面目	字符型	8		
职称	字符型	6		
文化程度	字符型	4		
健康状况	字符型	4		
家庭出身	字符型	10		
本人成分	字符型	4		
婚姻状况	字符型	4		
参加工作时间	日期型	8		
进本单位时间	日期型	8		
工资	数值型	10	2	
工资补贴	数值型	10	2	
家庭住址	字符型	8		
年龄	数值型	4		
备注	字符型	40		
编号	数值型	1		
职号	数值型	3		
代码	数值型	1		

2. 家庭成员表

家庭成员表主要包含家庭成员基本信息,如表4-3所示。

表4-3 家庭成员表(jtcy)

字 段 名	字 段 类 型	字 段 宽 度	小 数 位 数
代号	字符型	4	
与本人关系	字符型	4	
出生年月	日期型	8	
婚姻状况	字符型	8	

字 段 名	字 段 类 型	字 段 宽 度	小 数 位 数
文化程度	字符型	8	
政治面目	字符型	8	
工作单位	字符型	10	
职务工种	字符型	10	
工资	数值型	10	2
经济来源	字符型	10	

3. 社会关系表

社会关系表主要包含社会关系的基本情况，如表4-4所示。

表4-4　社会关系表(shgx)

字 段 名	字 段 类 型	字 段 宽 度	小 数 位 数
代号	字符型	4	
关系姓名	字符型	6	
与本人关系	字符型	4	
政治面目	字符型	4	
工作单位	字符型	20	
职务工种	字符型	6	
备注	字符型	20	

4. 个人简历表

个人简历表主要包含个人简历信息，如表4-5所示。

表4-5　个人简历表(grjl)

字 段 名	字 段 类 型	字 段 宽 度	小 数 位 数
代号	字符型	4	
开始时间	日期型	8	
结束时间	日期型	8	
工作单位	字符型	20	
担任职务	字符型	10	

5. 管理人员表

管理人员表主要包含管理人员基本信息，如表4-6所示。

表4-6　管理人员表(glry)

字 段 名	字 段 类 型	字 段 宽 度	小 数 位 数
代号	字符型	8	
姓名	字符型	8	
密码	字符型	6	
等级	字符型	2	

4.3　系统实施

本系统包含超过 20 张表单,根据需要对每张表单的 autocenter、caption、fontsize 等的属性进行设置,并对表单进行了界面的修饰与美化。本系统的主要表单包括:

4.3.1　登录表单

登录表单主要进行用户登录,如图 4-1 所示。

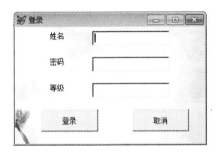

图 4-1　登录表单

"登录"按钮的 click 事件处理代码为:

```
if empty(thisform. text1. value). or. empty(thisform. text2. value)
    messagebox("用户名或密码不能为空,请重新输入",48,"系统提示")
    thisform. text1. setfocus
else
    xm = alltrim(thisform. text1. value)
    mm = alltrim(thisform. text2. value)
    dj = alltrim(thisform. text3. value)
    sele glry
    locate for glry. 姓名 = xm and glry. 密码 = mm and glry. 等级 = dj
    if found()
        messagebox("欢迎使用人力资源系统",1,'人力资源管理系统')
        do 浮动菜单. mpr
        thisform. release
    else
        messagebox("用户不存在或密码等级错误",46,"系统提示")
        thisform. text1. Value = ""
        thisform. text2. Value = ""
        thisform. text3. value = ""
        thisform. text1. SetFocus
    endif
endif
```

4.3.2　档案更新模块

档案更新模块包含了人事记录的添加、删除以及修改几个功能模块,包括人事卡片、

71

社会关系、家庭成员、个人简历等。

1. 人事记录增加表单

人事记录增加表单主要用于人员信息的增加，如图 4-2 所示。

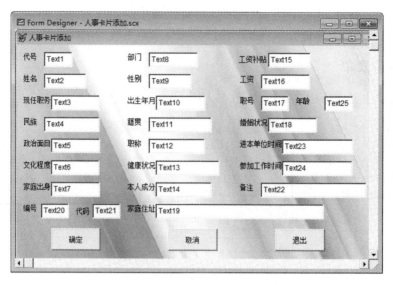

图 4-2　人事记录增加表单

"确定"按钮的 click 事件代码为：

```
set exclusive on
if empty( alltrim( thisform. text1. value) )
    messagebox("代号不能为空",48,"错误")
    thisform. text1. setfocus
else
    dh1 = alltrim( thisform. text1. value)
    xm1 = alltrim( thisform. text2. value)
    xrzw1 = alltrim( thisform. text3. value)
    mz1 = alltrim( thisform. text4. value)
    zzmm1 = alltrim( thisform. text5. value)
    whcd1 = alltrim( thisform. text6. value)
    jtcs1 = alltrim( thisform. text7. value)
    bm1 = alltrim( thisform. text8. value)
    xb1 = alltrim( thisform. text9. value)
    csny1 = ctod( allt( thisform. text10. value) )
    jg1 = alltrim( thisform. text11. value)
    zc1 = alltrim( thisform. text12. value)
    jkzk1 = alltrim( thisform. text13. value)
    brcf1 = alltrim( thisform. text14. value)
    gzbt1 = val( allt( thisform. text15. value) )
    gz1 = val( allt( thisform. text16. value) )
    zh1 = val( allt( thisform. text17. value) )
```

```
hyzk1 = alltrim(thisform. text18. value)
jtzz1 = alltrim(thisform. text19. value)
bh1 = val(allt(thisform. text20. value))
dm1 = val(allt(thisform. text21. value))
bz1 = allt(thisform. text22. value)
jbdwsj1 = ctod(allt(thisform. text23. value))
cjgzsj1 = ctod(allt(thisform. text24. value))
nl1 = val(allt(thisform. text25. value))
set order to 代号
sele rskp
seek dh1
if !found()
    insert into rskp (代号,姓名,现任职务,民族,政治面目,文化程度,家庭出身,部门,性别,出生
        年月,籍贯,职称,健康状况,本人成分,工资补贴,工资,职号,婚姻状况,家庭住址,编
        号,代码,备注,进本单位时间,参加工作时间,年龄) value(dh1,xm1,xrzw1,mz1,zzmm1,
        whcd1,jtcs1,bm1,xb1,csny1,jg1,zc1,jkzk1,brcf1,gzbt1,gz1,zh1,hyzk1,jtzz1,bh1,dm1,
        bz1,jbdwsj1,cjgzsj1,nl1)
    messagebox("添加成功!",48,"信息")
    thisform. text1. value ="
    thisform. text2. value ="
    thisform. text3. value ="
    thisform. text4. value ="
    thisform. text5. value ="
    thisform. text6. value ="
    thisform. text7. value ="
    thisform. text8. value ="
    thisform. text9. value ="
    thisform. text10. value ="
    thisform. text11. value ="
    thisform. text12. value ="
    thisform. text13. value ="
    thisform. text14. value ="
    thisform. text15. value ="
    thisform. text16. value ="
    thisform. text17. value ="
    thisform. text18. value ="
    thisform. text19. value ="
    thisform. text20. value ="
    thisform. text21. value ="
    thisform. text22. value ="
    thisform. text23. value ="
    thisform. text24. value ="
    thisform. text25. value ="
```

```
    else
        messagebox("此代号已存在,请另输一个",48,"错误")
        thisform. text1. value ="
        thisform. text1. setfocus
    endif
endif
```

2. 人事记录修改表单

人事记录修改表单界面如图4-3所示。

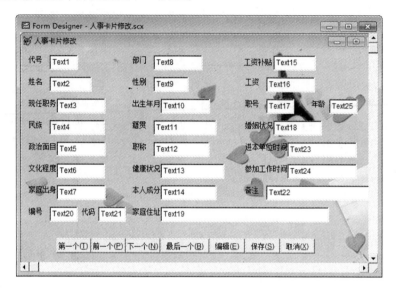

图4-3 人事记录修改表单

"第一个"等按钮的实现方式与1.4.5节类似,这里不再赘述。

"编辑"按钮主要是将text2到text25的readonly属性设置为.F.,使得用户可以对它们进行编辑。

"保存"按钮的click事件代码为:

```
sele rskp
locate for 代号 = allt(thisform. text1. value)
repl 姓名 with allt(thisform. text2. value)
repl 现任职务 with allt(thisform. text3. value)
repl 民族 with allt(thisform. text4. value)
repl 政治面目 with allt(thisform. text5. value)
repl 文化程度 with allt(thisform. text6. value)
repl 家庭出身 with allt(thisform. text7. value)
repl 部门 with allt(thisform. text8. value)
repl 性别 with allt(thisform. text9. value)
repl 出生年月 with thisform. text10. value
repl 籍贯 with allt(thisform. text11. value)
repl 职称 with allt(thisform. text12. value)
repl 健康状况 with allt(thisform. text13. value)
```

repl 本人成分 with allt(thisform. text14. value)

repl 工资补贴 with thisform. text15. value

repl 工资 with thisform. text16. value

repl 职号 with thisform. text17. value

repl 婚姻状况 with allt(thisform. text18. value)

repl 家庭住址 with allt(thisform. text19. value)

repl 编号 with thisform. text20. value

repl 代码 with thisform. text21. value

repl 备注 with thisform. text22. value

repl 进本单位时间 with thisform. text23. value

repl 参加工作时间 with thisform. text24. value

repl 年龄 with thisform. text25. value

thisform. text2. readonly = . t.

thisform. text3. readonly = . t.

thisform. text4. readonly = . t.

thisform. text5. readonly = . t.

thisform. text6. readonly = . t.

thisform. text7. readonly = . t.

thisform. text8. readonly = . t.

thisform. text9. readonly = . t.

thisform. text10. readonly = . t.

thisform. text11. readonly = . t.

thisform. text12. readonly = . t.

thisform. text13. readonly = . t.

thisform. text14. readonly = . t.

thisform. text15. readonly = . t.

thisform. text16. readonly = . t.

thisform. text17. readonly = . t.

thisform. text18. readonly = . t.

thisform. text19. readonly = . t.

thisform. text20. readonly = . t.

thisform. text21. readonly = . t.

thisform. text22. readonly = . t.

thisform. text23. readonly = . t.

thisform. text24. readonly = . t.

thisform. text25. readonly = . t.

3. 人事记录删除表单

人事记录删除表单界面如图 4-4 所示。

"删除"按钮的 click 事件代码为：

```
use rskp exclusive
mb = messagebox("确定要删除吗?",1+64,"提示")
if mb == 1
```

```
delete from rskp where 代号 = thisform. text1. value
pack
messagebox("删除成功",64,"提示")
```
endif

go top

Thisform. refresh

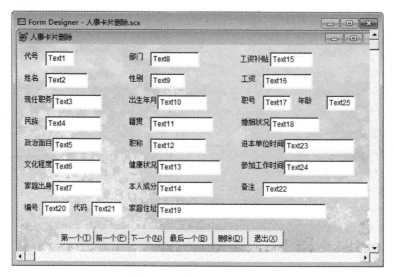

图 4-4　人事记录删除表单

4.3.3　档案统计模块

　　档案统计模块包括民族统计表单、文化程度统计表单、政治面貌统计表单等,如图 4-5 ~ 图 4-7 所示。

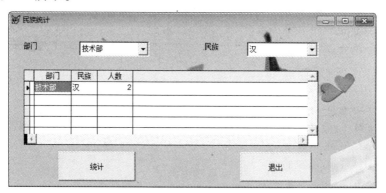

图 4-5　民族统计表单

以民族统计表单为例说明实现方法,其它表单类同。

"统计"按钮的 click 事件代码为:

```
sele rskp
do case
    case empty (thisform. combo1. value) and empty (thisform. combo2. value)
        sele 部门,民族,count( * ) as 人数 from rskp group by 1,2 into cursor tj
```

```
case !empty（thisform. combo1. value）and empty（thisform. combo2. value）
    sele 部 门，民 族，count（ * ）as 人 数 from rskp group by 2 where 部 门 = allt
        （thisform. combo1. value）into cursor tj
case empty（thisform. combo1. value）and !empty（thisform. combo2. value）
    sele 部 门，民 族，count（ * ）as 人 数 from rskp group by 1 where 民 族 = allt
        （thisform. combo2. value）    into cursor tj
case !empty（thisform. combo1. value）and !empty（thisform. combo2. value）
    sele 部门，民族，count( * )as 人数 from rskp where 部门 = allt( thisform. combo1. value) and 民
        族 = allt( thisform. combo2. value) into cursor tj
endcase
thisform. grid1. visible =. t.
thisform. grid1. recordsource ='tj'
thisform. grid1. recordsourcetype = 1
thisform. refresh
```

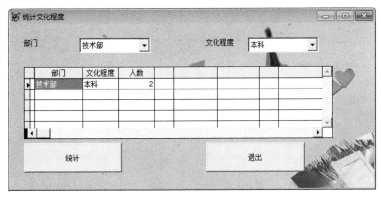

图 4-6　文化程度统计表单

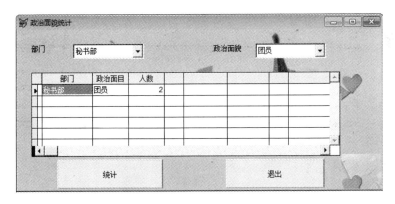

图 4-7　政治面貌统计表单

组合框 1 的 rowsourcetype 属性为"3 - SQL 语句"，rowsource 为"select distinct 部门 from rskp into cursor bm"。

组合框 2 的 rowsourcetype 属性设置为"3 - SQL 语句"，rowsource 为"select distinct 民族 from rskp into cursor mz"。

4.3.4　档案输出表单

档案输出表单的界面如图 4-8 所示。

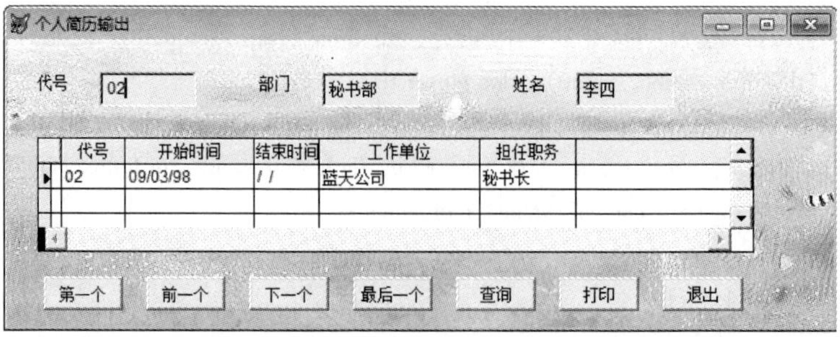

图 4-8　档案输出表单

其中,commandgroup1 的 click 事件代码为:

```
sele rskp
do case
  case this. value = 1
     goto top
  case this. value = 2
     if !bof( )
        skip  -1
     endif
  case this. value = 3
     if !eof( )
        skip
     endif
  case this. value = 4
     goto bottom
endcase


sele grjl
select grjl. * from grjl where grjl. 代号 = thisform. text1. value into cursor temp
thisform. grid1. recordsourcetype = 1
thisform. grid1. recordsource ='temp'
thisform. refresh
```

"查询"(command5)的 click 事件代码为:

```
do form 个人简历查询 . scx
```

"打印"(command6)的 click 事件代码为:

```
report form 个人简历一览 preview
```

4.3.5　个人简历查询表单

个人简历查询表单用于个人信息的查询,如图 4-9 所示。

图 4-9　个人简历查询表单

"查询"按钮的 click 事件代码为:

```
select rskp
locate for rskp. 代号 = allt( thisform. text1. value) and rskp. 部门 = allt( thisform. text2. value) and
    rskp. 姓名 = allt( thisform. text3. value)
if !found( )
    messagebox("输入信息有误")
    thisform. text1. value ="
    thisform. text2. value ="
    thisform. text3. value ="
else
    sele grjl
    select * from grjl where  grjl. 代号 = rskp. 代号 and rskp. 代号 = allt( thisform. text1. value) and
        rskp. 部门 = allt( thisform. text2. value) and rskp. 姓名 = allt( thisform. text3. value) into
        cursor temp
    thisform. grid1. visible = . t.
    thisform. grid1. recordsource ='temp'
    thisform. grid1. recordsourcetype = 1
endif
thisform. refresh
```

4.3.6　修改密码表单

修改密码表单界面如图 4-10 所示。基本实现方法与 2.4.3 节相同,这里不再赘述。

图 4-10　修改密码表单

第5章 图书管理系统

5.1 系 统 设 计

书籍是人类进步的阶梯,是人们丰富与自我发展的重要手段。图书不仅为读者提供了丰富的知识,也为很多读者提供了精神寄托。今天,随着人们知识水平的提高,书籍产业已成为社会重要的产业组成,而庞大的书籍资料需要一个合适的系统来进行管理。

图书管理系统主要用于图书馆的工作人员,方便他们对图书和读者数据进行整理和分类,提高工作效率和正确率。

根据实际应用过程中使用者对功能模块化的需求,本系统主要分为管理员登录和读者登录两大部分,如图 5-1 所示。

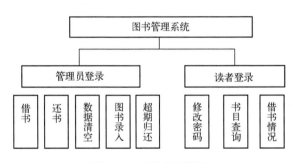

图 5-1 系统功能模块

如图所示,本系统的具体模块包括:

1. 管理员登录模块

执行管理员的操作,包括借书、还书、图书录入与超期归还等。

2. 读者登录模块

读者可以对相关信息进行查询,包括书目与借书情况查询等。此外,也可以更改自己的登录密码。

5.2 数据库设计

数据库中主要包括六张数据库表,分别为:

1. 读者表

读者表主要包含读者基本信息,如表 5-1 所示。

表 5-1　读者表（reader）

字　段　名	字　段　类　型	字　段　宽　度	是　否　索　引
读者编号	字符型	11	主索引
姓名	字符型	8	
单位	字符型	10	
类别	字符型	10	
限制册数	数值型	2	
借阅期限	数值型	2	

2. 借阅数据表

借阅数据表主要包含图书借阅信息，如表 5-2 所示。

表 5-2　借阅数据表

字　段　名	字　段　类　型	字　段　宽　度	是　否　索　引
出版社	字符型	20	
作者	字符型	50	
书名	字符型	50	
图书编号	字符型	16	普通索引
读者姓名	字符型	8	
读者编号	字符型	11	普通索引
借阅状态	逻辑型	1	
借阅日期	日期型	8	
应归还日期	日期型	8	
单位	字符型	10	
定价	数值型	(4,1)	
限制册数	数值型	2	

3. 图书表

图书表主要包含书籍基本信息，如表 5-3 所示。

表 5-3　图书表（book）

字　段　名	字　段　类　型	字　段　宽　度	是　否　索　引
图书编号	字符型	16	主索引
书名	字符型	50	
作者	字符型	50	
出版社	字符型	40	
出版日期	日期型	8	
收藏数目	数值型	2	
定价	数值型	(4,1)	
藏书地	字符型	1	

4. 出版社表

出版社表主要包含出版社基本信息,如表5-4所示。

表5-4　出版社表

字　段　名	字　段　类　型	字　段　宽　度	是　否　索　引
出版社名	字符型	30	主索引
出版社编号	数值型	4	

5. 系统账号表

系统账号表包括系统账号和密码,如表5-5所示。

表5-5　系统账号表

字　段　名	字　段　类　型	字　段　宽　度	是　否　索　引
系统账号	字符型	11	
密码	字符型	11	

6. 管理员登录表

管理员登录表主要包含管理员登录密码信息,如表5-6所示。

表5-6　密码表(mm)

字　段　名	字　段　类　型	字　段　宽　度	是　否　索　引
姓名	字符型	10	
密码	数值型	5	

5.3　系统主要表单的实施

5.3.1　主界面

主登录界面如图5-2所示。管理员和学生都可以从这个界面登录。

图5-2　主界面

该主界面设置了一个定时器,实现"欢迎进入"从左到右不断移动。

该定时器的 Timer 事件代码为:

thisform. label1. left = thisform. label1. left + 3

```
if thisform. label1. left > = 216
    thisform. label1. left = 48
    thisform. label1. width = 216
    thisform. label1. left = thisform. label1. left + 3
endif
```

5.3.2 管理员登录表单

单击"管理员登录"按钮,进入管理员登录界面如图5-3所示。

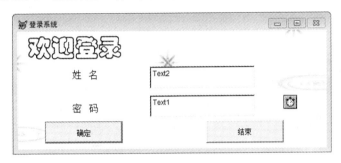

图5-3 管理员登录表单

此表单也包含一个定时器,用于"欢迎登录"的移动,具体实现方法同5.3.1节。

"确定"按钮的处理与1.4.3节类似,这里不再赘述。

进入管理员的图书管理系统,会显示如图5-4所示的界面。

图5-4 管理员界面

通过该界面,可以进入以下表单:

1. 借书表单

借书表单界面如图5-5所示。

在"读者编号"文本框输入正确的读者编号,则自动出现读者的相关信息。此处,lost-focus代码为:

```
select reader
set order to '读者编号'
locate for allt( reader. 读者编号) = allt( thisform. text1. value)
```

83

```
if !found( )
    = messagebox('需要重新输入么?',292,'这个读者编号不存在')
  this. setfocus
else
  with thisform
    . text2. value = 姓名
    . text3. value = 单位
    . text4. value = 限制册数
    . text5. value = 借阅期限
  endwith
endif
cperson = this. value
```

图 5-5　借书表单

同样,在图书编号文本框中输入正确的图书编号,则自动出现图书相关信息。此处,lostfocus 代码为:

```
select book
set order to '图书编号'
seek this. value
if eof( ) then
    = messagebox('需要重新输入么?',292,'这个图书编号不存在')
  this. setfocus
else
  with thisform
    . text7. value = 书名
    . text8. value = 作者
    . text9. value = 出版社
    . text10. value = 定价
  endwith
endif
```

表单中的命令按钮可实现借书操作,若一人的借书大于 5 本,则无法借阅。若该书已借出,则无法借阅。此处代码为:

```
select 借阅数据表
set order to '图书编号'
locate for allt(图书编号) == allt(thisform.text6.value)
if eof()
    select count( * ) from 借阅数据表 where 读者编号 = thisform.text1.value into array xy
    if xy > 5
        = messagebox('已借满')
    else
        a = thisform.text9.value
        b = thisform.text8.value
        c = thisform.text7.value
        d = thisform.text6.value
        e = thisform.text2.value
        f = thisform.text1.value
        g = thisform.text3.value
        h = thisform.text10.value
        x = thisform.text5.value
        select 借阅数据表
        append blank
        replace 图书编号 with d
        replace 书名 with c
        replace 出版社 with a
        replace 定价 with h
        replace 读者编号 with f
        replace 读者姓名 with e
        replace 单位 with g
        replace 限制册数 with thisform.text4.value
        replace 借阅状态 with .t.
        replace 借阅日期 with dtoc(date())
        replace 应归还日期 with dtoc(date() + x)
        replace 作者 with b
    endif
else
        = messagebox('本书已借出')
endif
thisform.refresh
```

2. 还书表单

还书表单界面如图5-6所示。

在读者编号文本框中输入正确的读者代码,则会在后面的文本框中出现相关的读者信息,此处代码与借书表单相同。

"命令"按钮的click代码为:

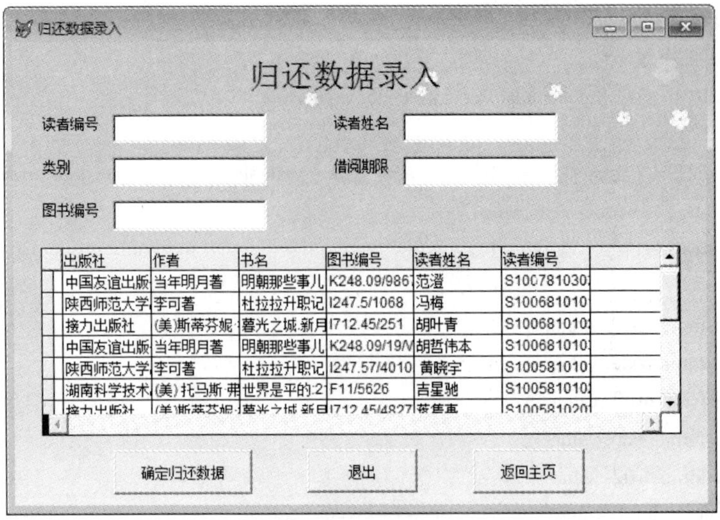

图5-6 还书表单

select 借阅数据表

locate for allt(借阅数据表. 读者编号) == allt(thisform. text1. value) and allt(借阅数据表. 图书编号) == allt(thisform. text4. value)

if eof( )

    messagebox("输入有误")

else

    replace 借阅状态 with . f. for allt(借阅数据表. 读者编号) == allt(thisform. text1. value) and allt(借阅数据表. 图书编号) == allt(thisform. text4. value)

    delete for 借阅状态 = . f.

endif

thisform. refresh

表单中的表格控件为生成器从借阅数据表生成的,可以自动更新。

3. 图书录入表单

图书录入表单界面如图5-7所示。

其中表格控件是通过 book 表生成的,"确定数据录入"的 click 事件处理代码为:

select book

set order to '图书编号'

locate for allt(book. 图书编号) = allt(thisform. text1. value)

if eof( ) then

    insert into book (图书编号, 书名, 作者, 出版社, 定价) values (thisform. text1. value, thisform. text2. value, thisform. text3. value, thisform. text4. value, val(thisform. text5. value))

else

    = messagebox('该图书编号已存在')

endif

thisform. refresh

86

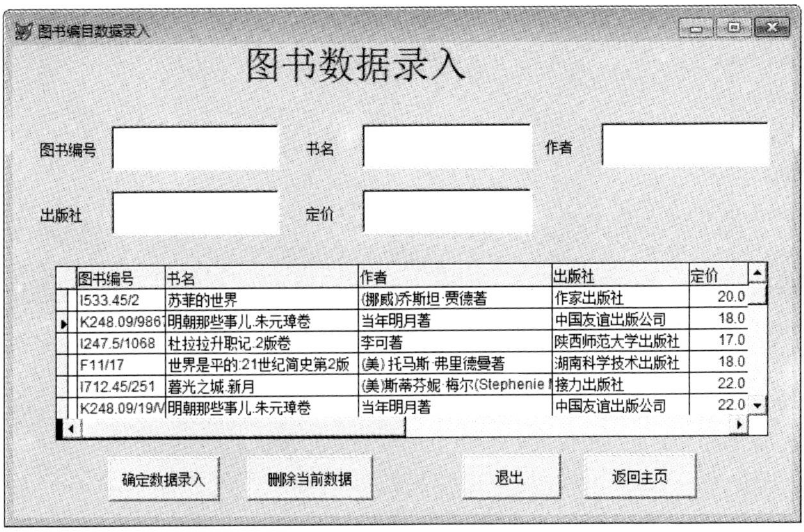

图5-7　图书录入表单

这样避免了输入相同的图书编号,并且给予提示。

4. 数据清空表单

数据清空表单界面如图5-8所示。

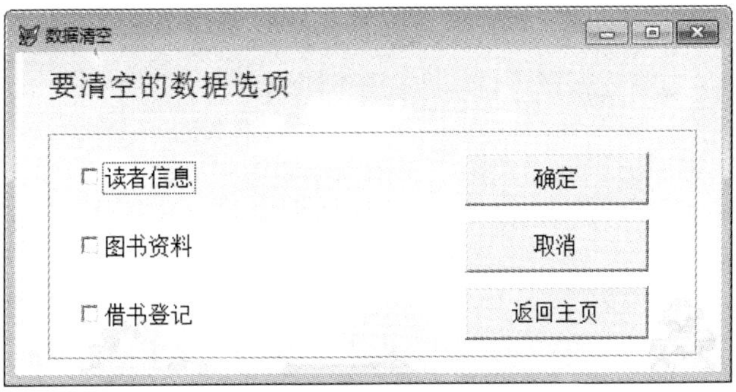

图5-8　数据清空表单

该表单可以清空选定的表,代码为:

```
close databases
open database 图书管理系统
if thisform. check1. value = 0 and thisform. check2. value = 0 and thisform. check3. value = 0
    messagebox('请选择清空的数据项!',64 + 0,'清空数据')
else
    if messagebox('清空所选的数据吗?',32 + 4,'清空数据') = 6
        if thisform. check1. value = 1
            use reader
            delete all
            use
        endif
```

```
    if thisform. check2. value = 1
        use book
        delete all
        use
    endif
    if thisform. check3. value = 1
        use 借阅数据表
        delete all
        use
    endif
    close all
    messagebox('所选数据已经完全清空！',64 + 0,'清空数据')
  endif
endif
```

5. 超期归还催单

超期归还催单界面如图 5-9 所示。

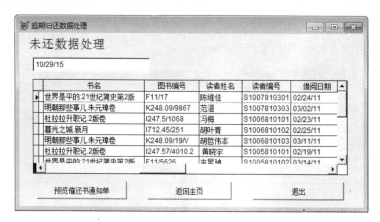

图 5-9　超期归还催单

该表单可以筛选出超期未归还的同学名单, Grid1 的 Init 事件代码如下：

this. recordsourcetype = 4

this. recordsource ='select * from 借阅数据表 where 应归还日期 < thisform. text1. value into cursor 临时表'

"预览催还书通知单"采用了标签技术, 如图 5-10 所示。

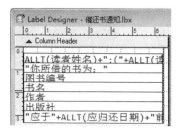

图 5-10　催还书通知设计器

运行结果如图 5-11 所示。

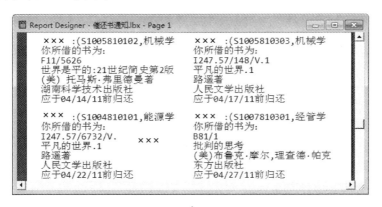

图 5-11　催还书通知

5.3.3　读者登录

读者登录模块包括如下表单模块：

1. 读者登录表单

若在欢迎界面中点击读者登录，则会出现读者登录表单。

该表单与 1.4.3 节类似，这里不再赘述。

2. 读者管理系统

正确登录后，出现如图 5-12 所示的读者管理界面。

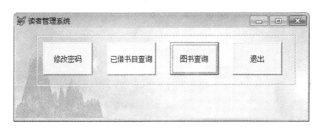

图 5-12　读者管理界面

读者打开菜单界面后可以执行当前借阅情况查询、借书查询、图书查询、修改密码等操作，以下分别详细介绍。

1）当前借阅情况查询

当前借阅情况查询表单界面如图 5-13 所示。

图 5-13　当前借阅情况查询表单

"查询"的 click 事件代码为：

```
select 借阅数据表
go top
a = thisform. text1. value
locate for upper( allt( 读者编号 ) ) = upper( allt( a ) )
if ! eof( )
    select * from 借阅数据表 where 借阅数据表. 读者编号 $ a
endif
thisform. refresh
```

2）图书信息查询

图书信息查询表单界面如图 5-14 所示。

图 5-14　图书信息查询表单

此处查询的代码为：

```
select book
go top
a = thisform. text1. value
b = thisform. text2. value
do case
    case thisform. check1. value = 1 and len( allt( a ) ) > 0
        locate for upper( allt( book. 图书编号 ) ) = upper( allt( a ) )
        if ! eof( )
            select * from book where book. 图书编号 $ a
            select 借阅数据表
            locate for upper( allt( book. 图书编号 ) ) = upper( allt( a ) )
            if eof( )
                = messagebox( '已借出' )
            endif
        else
            = messagebox( '查无本书' )
        endif
    case thisform. check2. value = 1 and len( allt( b ) ) > 0
        locate for allt( book. 书名 ) = allt( b )
        if ! eof( )
```

```
        select  *  from book where book. 书名 = b
        select 借阅数据表
        locate for allt( book. 书名 ) = allt( b )
        if eof( )
            = messagebox('已借出')
        endif
    else
        = messagebox( '查无本书')
    endif
endcase
```

3) 读者密码修改表单

读者密码修改表单的设计与 2.4.3 节类似,这里不再赘述。

第6章 培训管理系统

6.1 系统总体规划

本系统是专门为企业设计的一套培训管理系统,适用于公司内部的人力资源管理中的培训环节的资料查询与保存整理工作。本系统采用面向对象的设计思想,以菜单和表单的形式进行各模块的调用,主要完成以下功能:

(1) 针对公司员工,可以对所有培训课程的授课内容、时间、地点、教师等进行查询,全面掌握需要参加的课程信息。

(2) 针对公司负责培训管理的管理人员,可以对所有的课程信息进行修改更新,及时录入新增添的信息,并用数据库对所有培训信息进行整理保存,便于留档。

(3) 系统提供打印预览及打印功能,便于资料的输出,方便用户的使用。

6.2 需求分析与系统框架

培训环节是人力资源管理中的重要组成部分,公司上至经理部长,下至员工都需要参加有计划的培训学习。由于参加培训的人员比较分散,上课的时间地点也有一定的随机性,特设计本套系统放置在公司的局域网上,便于参训人员及时获得培训信息,也便于人力资源管理部门对培训工作进行系统管理,对信息进行维护以便及时发布最新信息。

系统总体框架如图6-1所示,主要包含以下功能:

1. 登录模块

系统设定两种登录权限,分为员工登录和管理员登录。员工可以直接进入到系统主菜单,但只可进行信息的查询与打印;管理员需要输入密码后方可进入系统主菜单,可以进行除了查询与打印之外的信息录入工作。

2. 查询功能

(1) 对培训课程进行查询:下设两种查询方式,即按培训地点查询与按课程名查询。用户在输入需要查询的培训地点或课程名后,窗口下面的表格中会显示出课程的其他详细信息,如开课时间、主办部门、课时数等具体信息。

(2) 对培训教材进行查询:每门课程会有相应的授课教材(户外授课除外)。用户在查到自己所需参加的课程后,可以在此模块输入课程名,系统会在下面的表格中显示出本门课程的教材信息,如出版社、作者等。

(3) 对培训教师进行查询:公司从各类高校和培训机构请来讲师为员工授课,设计此模块便于培训学员对教师基本情况有所了解。用户可以在输入后单击"查询"按钮,在窗

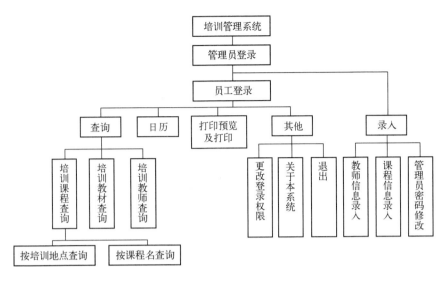

图 6-1　系统框架

口下面的表格中查询教师的基本信息,如年龄、所在单位、职称、学历等具体信息。

3. 数据录入功能

此模块专门为管理员设计,只有通过管理员权限进入的用户方可使用此模块。为便于管理员信息的录入,特分为两种录入方式——教师信息录入和课程信息录入。管理员可以在录入界面对教师和课程的各项信息进行添加与保存工作。添加完毕后,员工即可在查询模块进行查询。

此外,针对于管理员权限,还设计了密码修改功能,对原有的管理员密码进行修改,保证了录入信息的安全性。

4. 日历功能

系统在主登录界面上设计了日历查询及当前时刻显示功能,便于用户在查询课程时间时,核对当前时间,安排自己的行程。

5. 打印功能

打印模块提供对系统源表的打印及打印预览功能,可以对教师基本信息表、课程安排表、培训教材表进行输出,很大程度上方便了用户的操作。

6. 其它功能

在其他模块中,设计了三项功能。第一,用户可以修改当前的登录权限,如由员工登录变为管理员登录,会要求用户输入管理员密码,输入正确后,菜单上的录入模块即可使用。第二,其他模块中包括关于本系统的介绍。第三,有退出系统的按钮。

6.3　系统数据库设计

数据库中主要包括 4 张数据库表,分别为:

1. 课程安排表

课程安排表主要包含课程基本信息,如表 6-1 所示。

表 6-1 课程安排表(kcset)

字 段 名	字 段 类 型	字 段 宽 度	是 否 索 引
课程代码	数值型	4	主索引
课程名称	字符型	30	
教师姓名	字符型	8	
内训或外训	字符型	4	
培训地点	字符型	20	
主办部门	字符型	20	
授课对象	字符型	10	
授课方式	字符型	10	
是否认证	逻辑型	1	
时数	数值型	3	
费用	数值型	(8,2)	
开始日期	日期型	8	
结束日期	日期型	8	
备注	备注型	4	

2. 教师基本情况表

教师基本情况表主要包含教师的个人信息,如表 6-2 所示。

表 6-2 教师基本情况表(teacher)

字 段 名	字 段 类 型	字 段 宽 度	是 否 索 引
教师代号	数值型	3	主索引
课程名称	字符型	30	
教师姓名	字符型	8	
性别	字符型	2	
年龄	数值型	2	
民族	字符型	2	
学历	字符型	8	
职称	字符型	6	
单位	字符型	30	
电话	字符型	15	

3. 教材表

教材表主要包含教材的基本信息,如表 6-3 所示。

表 6-3 教材表(book)

字 段 名	字 段 类 型	字 段 宽 度	是 否 索 引
课程名称	字符型	20	
所用教材	字符型	20	

字 段 名	字 段 类 型	字 段 宽 度	是 否 索 引
作者	字符型	10	
出版社	字符型	30	

4. 密码表

密码表主要包含密码信息,设有 password 字段,对密码进行保存。

6.4 关键程序代码

本系统共有 14 张表单,根据需要设定了其 AutoCenter、Caption、Picture、ShowWindow、WindowState 等属性,并对所有表单进行了界面美观工作。主要表单结构及关键程序代码如下:

6.4.1 欢迎表单

欢迎表单界面如图 6-2 所示。

图 6-2 欢迎表单

本表单包括一个标签、一个选项按钮组、两个命令按钮。用户通过选项按钮组可以选择通过员工权限或管理员权限进入系统,若选择员工可以直接进入主界面,若选择管理员登录则出现密码输入界面。此外,在表单的 init 事件中定义了 limit 公共变量,且在"进入"按钮中设定 limit =1。

6.4.2 密码登录表单

单击"管理员登录"按钮,会进入密码登录界面,如图 6-3 所示。

系统初始密码为 123,用户共有三次输入正确密码的机会,若三次都不正确,则系统会直接退出。放弃登录选择"退出"按钮,系统会询问是否确定退出,若选择"是"则直接退出,选择"否"则返回密码输入界面。文本框的 password char 设为 ∗ ,"确定"按钮的主要代码为:

图 6-3 登录表单

login = login + 1

messagebox('您还有' + str(3 - login,1) +'次机会输入密码！',5 + 48,"警告！")

if login = 3

    messagebox('您不能使用本系统！',16 + 0,'警告！')

quit

此外，在"确定"按钮中还设定了 limit = 2。

6.4.3 查询表单

1. 课程查询

在菜单中选择课程查询选项，按照不同的查询方式，出现不同的查询表单，在组合框中可以输入要查询的项目，也可在下拉列表中选择需要查询的项目，按单击"查询"按钮进行查询，查询结果会在界面下方的表格中显示。如果所输入的名称在系统中没有记录时，将会出现输入错误的提示，要求重新输入。在查询中，表格的 read only 选项设为真，用户不可对表格内容进行改动。

课程查询主要界面如图 6-4 和 6-5 所示。

图 6-4 课程查询表单

"查询"按钮的主要代码如下所示：

```
select kcset
```

```
set filter to
loca for allt( kcset. 课程名称) == allt( thisform. combo1. value)
if found( )
   thisform. grid1. visible = . t.
   set filter to kcset. 课程名称 = allt( thisform. combo1. value)
else
   = messagebox( "记录中无此课程名!" ,0 + 48 ,"错误!" )
   thisform. combo1. setfocus
endif
thisform. refresh
```

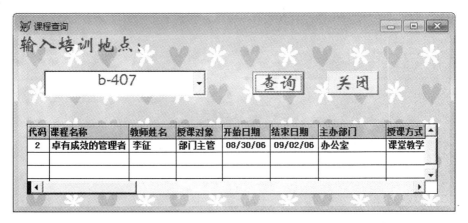

图 6-5　培训地点查询表单

2. 教师查询

教师查询表单主要用于教师信息的查询,界面如图 6-6 所示。

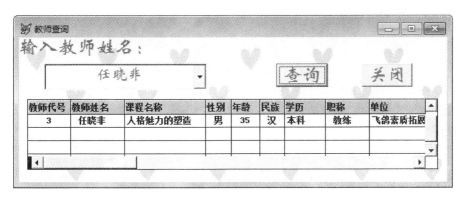

图 6-6　教师查询表单

"查询"按钮的 click 事件代码是:

```
thisform. grid1. visible = . t.
sele teacher
set filter to
```

```
loca for allt( teacher. 教师姓名) == allt( thisform. combo1. value)
if found( )
    set filter to teacher. 教师姓名 = allt( thisform. combo1. value)
else
    = messagebox("记录中无此教师!",0 +48,"错误!")
thisform. combo1. setfocus
endif
thisform. refresh
```

3. 教材查询

教材查询表单主要用于教材信息的查询,界面如图 6-7 所示。

图 6-7 教材查询表单

"查询"按钮的 click 事件代码是:

```
sele book
loca for allt( book. 课程名称) == allt( thisform. combo1. value)
if found( )
    thisform. text1. value = book. 所用教材
    thisform. text2. value = book. 作者
    thisform. text3. value = book. 出版社
else
    = messagebox("记录中无此课程名!",0 +48,"错误!")
    thisform. combo1. setfocus
endif
thisform. refresh
```

6.4.4 录入表单

录入表单包括课程以及教师基本信息的录入,如图 6-8 和图 6-9 所示。

录入表单中提供了与源表相对应的字段,可以对源表进行添加记录的工作,课程信息

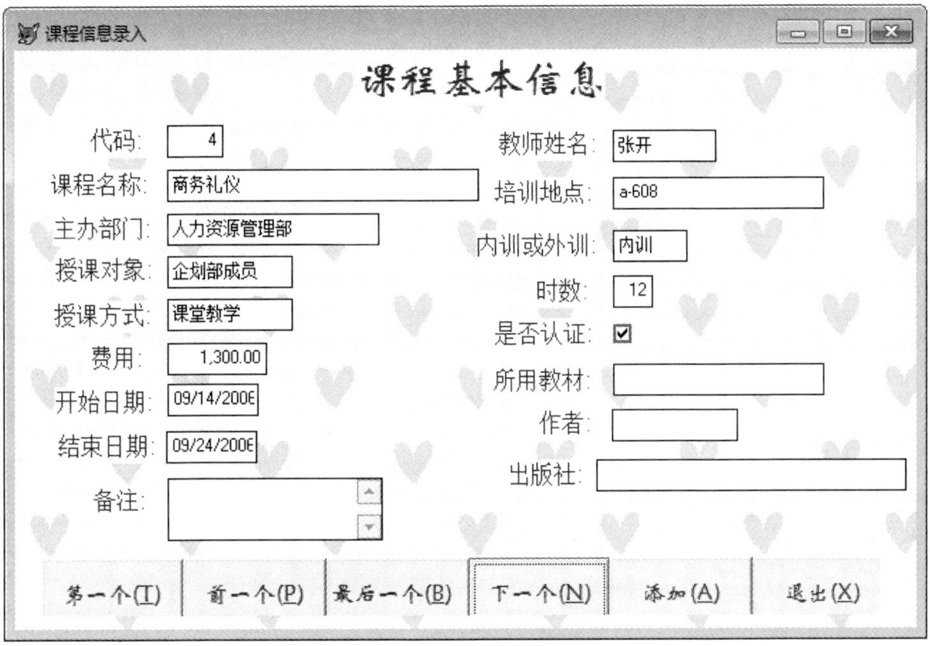

图 6-8　课程信息录入表单

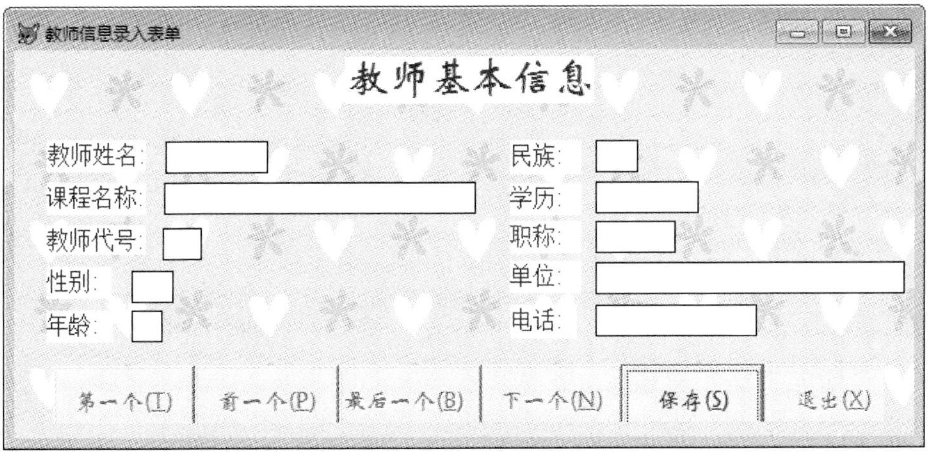

图 6-9　教师信息录入表单

表的数据环境中添加了"课程安排表"和"教材表"两个表,可以同时对两个表录入信息,新纪录添加后,单击"保存"按钮进行保存。

6.4.5　密码修改表单

密码修改表单界面如图 6-10 所示。用户需先输入原密码,再输入新修改的密码,为了保证输入的正确,系统要求进行两次重复输入,若两次输入不正确,则会跳出提醒框"两次输入不一致!"要求重新输入。

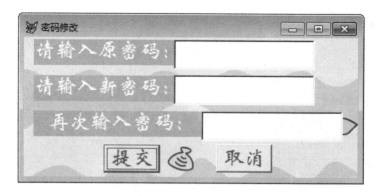

图 6-10　密码修改表单

主要代码为：

```
b = thisform. text1. value
c = thisform. text2. value
d = thisform. text3. value
open databases 数据库
use mm
if c = d
    if messagebox("确定要修改密码吗?",48 + 1,"警告!") = 1
        update mm set pword = c
        release thisform
    endif
else
    messagebox("两次输入的密码不一致!",32 + 3,"警告!")
    thisform. text2. value = " "
    thisform. text3. value = " "
    thisform. refresh
endif
```

6.4.6　打印与打印预览表单

打印表单可以实现对源表的打印与预览工作,界面如图 6-11 所示。

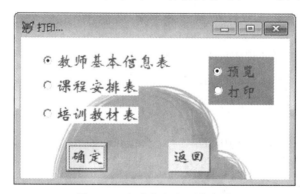

图 6-11　打印与打印预览表单

"确定"按钮的部分代码为：

```
do case
    case thisform. optiongroup1. value = 1
        if thisform. optiongroup4. value = 1
            report form teacher preview nowait
        else
            report form teacher to printer noconsole
        endif
    case thisform. optiongroup1. value = 2
        if thisform. optiongroup4. value = 1
            report form kcset    preview
        else
            report form kcset to printer noconsole
        endif
    case thisform. optiongroup1. value = 3
        if thisform. optiongroup4. value = 1
            report form book preview
        else
            report form book to printer noconsole
        endif
endcase
```

6.4.7　日历

日历来源于 ActiveX 控件中的日历控件，可以通过其属性对它的外观进行美化。界面如图 6-12 所示。

图 6-12　日历

6.5　菜单结构设计

设有查询、录入、打印、其他四项主菜单,并为其设置了快捷键。查询下又设有两级菜单,分菜单下对应相应的 do form 命令。录入下的子菜单设置了跳过 limit = 1 命令,实现了在员工登录权限下该菜单不可用,并且在菜单中加入了分行标志(\ -)。其他菜单中包含"退出"键,用户可由此退出系统,退出系统前会出现退出界面,界面中加入了一个计时器,5 秒钟后自动退出系统。

第7章 家电管理系统

7.1 系统设计背景与目标

随着经济的发展,商业竞争日趋激烈。然而,当大型企业的管理系统日渐完善的时候,许多个体经营者的管理却比较混乱。对于家电行业来说,其规模一般较大,而许多个体经营者的运营模式往往是企业聘请少量员工,不能实现日常业务的电子化处理。许多企业常常面临这样的尴尬场面:不清楚仓库的当前库存,每个仓库摆放的物品混乱;每个季度的销售量不明白,大部分员工得过且过……。这些问题将随着个体经营规模的逐渐扩大而越发严重,导致工作事倍功半,企业无法持续做大。信息管理落后成为许多个体经营者的通病。

针对上述问题,如果再单一地让企业经营者独自进行人工管理,不仅工作量很大,问题也难以解决。在这种情况下,计算机成为了一个很好的帮手,其可使人们从繁重的劳动中解脱出来,仅使用一些简单的操作便可及时、准确地获取需要的信息。

家电管理系统的具体任务就是设计一个家电行业个体经营管理系统,由计算机代替人工执行一系列操作,诸如仓库管理、名片管理、销售发票管理等。这样就有效解决了个体管理混乱的问题,使日常销售程序化、有理化、自动化,从而达到提高个体经营效率的目的。

该系统设计的指导思想是一切为用户着想,界面美观大方,操作尽量简单方便,而且作为一个实用的应用程序要有很好的容错性,在用户出现错误操作时能尽量及时给出提示,以便用户及时更正。

7.2 系 统 功 能

系统采用模块化程序设计方法,既便于系统功能的各种组合和修改,又便于未参与开发的技术维护人员补充、修改。在系统功能分析的基础上,考虑 Visual Foxpro 6.0 程序编制的特点,得到如图 7-1 所示的系统功能模块结构图。

从图中可以看出,该系统主要包含以下主要功能:

1. 仓库信息管理

这部分主要涉及仓库的管理,包括仓库信息的添加、修改与删除。

2. 名片信息管理

这部分主要涉及名片的管理,包括名片信息的添加、修改与删除。

3. 报表浏览与打印

这部分主要涉及仓库与名片报表的浏览与打印

4. 其他

此外,还包括系统数据初始化、修改密码等功能。

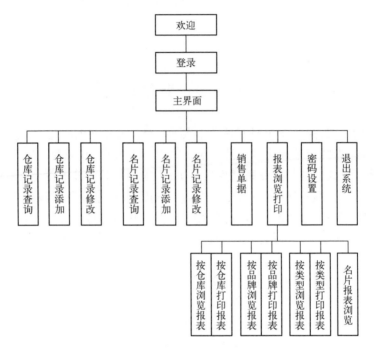

图 7-1　系统功能模块结构图

7.3　数据库表结构设计

数据库中主要包括 4 张数据库表,分别为:

1. 仓库表

仓库表主要包含仓库基本信息,如表 7-1 所示。

表 7-1　仓库表(ck)

字　段　名	字段含义	字段类型	字段宽度	是否索引
pp	品牌	字符型	10	普通索引
lx	类型	字符型	10	普通索引
xh	型号	字符型	20	
sl	数量	数值型	10	
ck	仓库	数值型	20	普通索引
jhrq	进货日期	日期型	8	
bz	备注	备注型	4	

2. 名片表

名片表主要包含个人基本信息,如表7-2所示。

表7-2 名片表(mp)

字 段 名	字 段 含 义	字 段 类 型	字 段 宽 度	是 否 索 引
xm	姓名	字符型	10	普通索引
xb	性别	字符型	2	
pp	品牌	字符型	10	普通索引
dhhm	电话号码	字符型	20	
yx	邮箱	字符型	20	
dz	地址	字符型	40	
bz	备注	备注型	4	

3. 发票表

发票表主要包含发票的基本信息,如表7-3所示。

表7-3 发票表(fp)

字 段 名	字 段 含 义	字 段 类 型	字 段 宽 度	是 否 索 引
rq	日期	日期型	8	
kh	客户	字符型	10	
lxfs	联系方式	字符型	40	
pp	品牌	字符型	10	
lx	类型	字符型	10	
xh	型号	字符型	20	
dj	单价	数值型	10	
sl	数量	数值型	10	
zje	总金额	数值型	10	
bz	备注	备注型	4	

4. 密码表(mm)

密码表主要包含密码信息,设有 yhm(用户名)和 mm(密码)两个字段,对密码进行保存。

7.4 主要模块的设计说明和程序代码

本系统共有十多张表单,根据需要设定了其 AutoCenter、Caption、Picture、ShowWindow、WindowState 等属性,并对所有表单进行了界面设计工作。主要表单结构及关键程序代码如下:

7.4.1 登录表单

登录表单的界面设计和实现方法与1.4.3节类似,这里不再赘述。

7.4.2 系统主界面

系统主界面如图7-2所示。

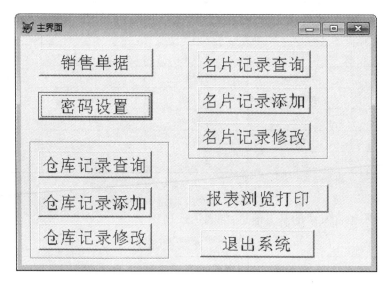

图7-2 系统主界面

"退出系统"的 click 事件代码是:

x = messagebox('确认退出系统吗?',1 + 32 + 256,'确认退出')

if x = 1

   thisform. release

   clear events

endif

其余按钮的 click 事件代码模板为:

do form ****. scx

thisform. release

下面,详细介绍该界面包含的主要功能模块。

7.4.3 密码设置表单

密码设置表单的界面设计和实现方法与2.4.3节类似,这里不再赘述。

7.4.4 记录查询表单

这里以仓库信息查询为例,记录查询表单界面如图7-3所示。

对于仓库中的一些货物,有时需要按照型号、类型、品牌、仓库来查找对应的库存。该表单只需在选项按钮组中选择需要的查找方式,然后在文本框中输入查询条件,单击"查询"按钮就可以在表格中找到对应的记录。在该表单的数据环境中添加"ck"表。

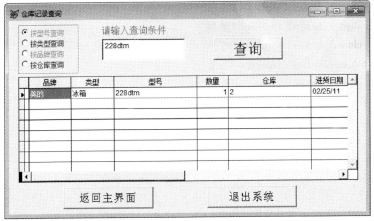

（a）按型号查询

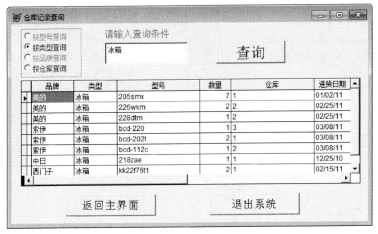

（b）按类型查询

图7-3　仓库记录查询表单——以型号和类型查询为例

"查询"按钮的"click"事件代码如下：

```
do case
  **选择按型号查询后的语句
  case thisform. optiongroup1. value = 1
    sele ck
    locate for alltr( ck. xh) == alltr( thisform. text1. value)
    if found( )
      sele all pp as 品牌,lx as 类型,xh as 型号,sl as 数量,ck as 仓库,jhrq as 进货日期,bz as
备注;
      from ck order by 3 ;
      where alltr( ck. xh) == alltr( thisform. text1. value) into cursor temp
      with thisform. grid1
        . recordsourcetype = 1
        . recordsource = " temp"
        . columncount = 7
```

```
            . column1. header1. caption = "品牌"
            . column2. header1. caption = "类型"
            . column3. header1. caption = "型号"
            . column4. header1. caption = "数量"
            . column5. header1. caption = "仓库"
            . column6. header1. caption = "进货日期"
            . column7. header1. caption = "备注"
          endwith
          thisform. refresh
          thisform. grid1. setfocus
        else
          k = messageb("该型号无记录,请重新输入!",1 +32 +0,"友情提示")
          if k = 1
            thisform. text1. value = " "
            thisform. text1. setfocus
          endif
        endif

** 选择按类型查找代码
case thisform. optiongroup1. value = 2
    sele ck
    locate for alltr( ck. lx) == alltr( thisform. text1. value)
    if found( )
        sele all pp as 品牌,lx as 类型,xh as 型号,sl as 数量,ck as 仓库,jhrq as 进货日期,bz as
备注;
        from ck order by 2 ;
        where alltr( ck. lx) == alltr( thisform. text1. value) into cursor temp1
        with thisform. grid1
            . recordsourcetype = 1
            . recordsource = "temp1"
            . columncount = 7
            . column1. header1. caption = "品牌"
            . column2. header1. caption = "类型"
            . column3. header1. caption = "型号"
            . column4. header1. caption = "数量"
            . column5. header1. caption = "仓库"
            . column6. header1. caption = "进货日期"
            . column7. header1. caption = "备注"
        endwith
        thisform. refresh
        thisform. grid1. setfocus
    else
        k = messageb("该类型无记录,请重新输入!",1 +32 +0,"友情提示")
```

108

```
            if k = 1
                thisform. text1. value = " "
                thisform. text1. setfocus
            endif
        endif


    **选择按品牌查找的代码
    case thisform. optiongroup1. value = 3
        sele ck
        locate for alltr( ck. pp) == alltr( thisform. text1. value)
        if found( )
            sele all pp as 品牌,lx as 类型,xh as 型号,sl as 数量,ck as 仓库,jhrq as 进货日期,bz as
备注;
            from ck order by 1 ;
            where alltr( ck. pp) == alltr( thisform. text1. value) into cursor temp2
            with thisform. grid1
                . recordsourcetype = 1
                . recordsource = " temp2"
                . columncount = 7
                . column1. header1. caption = " 品牌"
                . column2. header1. caption = " 类型"
                . column3. header1. caption = " 型号"
                . column4. header1. caption = " 数量"
                . column5. header1. caption = " 仓库"
                . column6. header1. caption = " 进货日期"
                . column7. header1. caption = " 备注"
            endwith
            thisform. refresh
            thisform. grid1. setfocus
        else
            k = messageb( " 该品牌无记录,请重新输入!",1 + 32 + 0," 友情提示")
            if k = 1
                thisform. text1. value = " "
                thisform. text1. setfocus
            endif
        endif


    **选择按仓库查找的代码
    case thisform. optiongroup1. value = 4
        sele ck
        locate for alltr( ck. ck) == alltr( thisform. text1. value)
        if found( )
            sele all pp as 品牌,lx as 类型,xh as 型号,sl as 数量,ck as 仓库,jhrq as 进货日期,bz as
```

备注；

```
        from ck order by 5 ;
        where alltr( ck. ck) = = alltr( thisform. text1. value) into cursor temp3
        with thisform. grid1
          . recordsourcetype = 1
          . recordsource = "temp3"
          . columncount = 7
          . column1. header1. caption = "品牌"
          . column2. header1. caption = "类型"
          . column3. header1. caption = "型号"
          . column4. header1. caption = "数量"
          . column5. header1. caption = "仓库"
          . column6. header1. caption = "进货日期"
          . column7. header1. caption = "备注"
        endwith
        thisform. refresh
        thisform. grid1. setfocus
      else
        k = messageb( "该仓库无记录,请重新输入!",1 + 32 + 0, "友情提示")
        if k = 1
          thisform. text1. value = " "
          thisform. text1. setfocus
        endif
      endif
    endcase
```

除了仓库记录查询外,还有名片记录查询,如图7-4所示。具体实现算法与仓库记录查询类似,这里不再赘述。

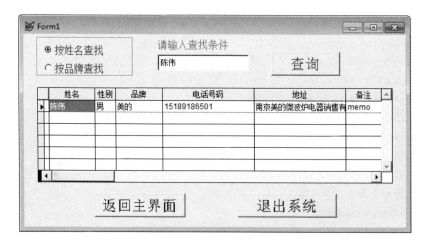

图7-4　名片记录查询表单

7.4.5 记录添加表单

这里以仓库信息添加为例,记录添加表单界面如图 7-5 所示。

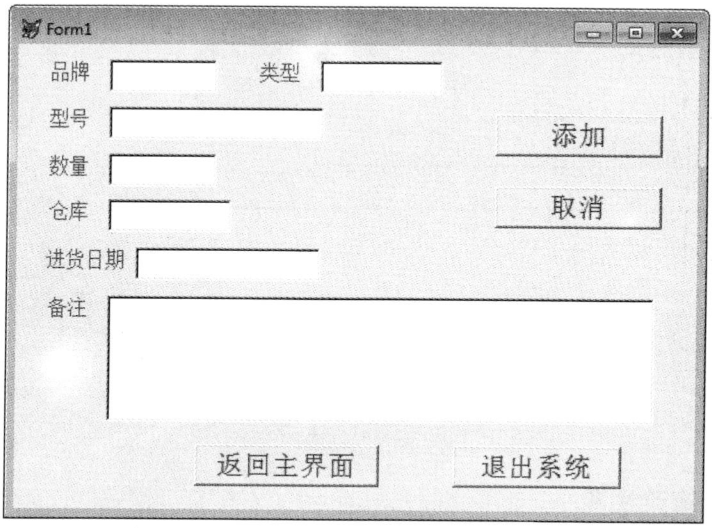

图 7-5 仓库记录添加表单

商家在进货后需要在系统中添加记录,该表单用于向仓库表中添加新的内容,使仓库表可以随着进货的产品不断添加。

"添加"按钮的 click 事件代码如下:

```
if empty(alltrim(thisform.text3.value))
    messagebox("型号不能为空",48,"错误")
    thisform.text3.setfocus
else
    pp1 = alltrim(thisform.text1.value)
    lx1 = alltrim(thisform.text2.value)
    xh1 = alltrim(thisform.text3.value)
    sl1 = val(alltrim(thisform.text4.value))
    ck1 = alltrim(thisform.text5.value)
    jhrq1 = ctod(alltrim(thisform.text6.value))
    bz1 = alltrim(thisform.text7.value)
    insert into ck value(pp1,lx1,xh1,sl1,ck1,jhrq1,bz1)
    messagebox("添加成功!",48,"信息")
    thisform.text1.value = "
    thisform.text2.value = "
    thisform.text3.value = "
    thisform.text4.value = "
    thisform.text5.value = "
    thisform.text6.value = "
    thisform.text7.value = "
```

endif

除了仓库记录添加外,还有名片记录添加,如图7-6所示。具体实现算法与仓库记录添加类似,这里不再赘述。

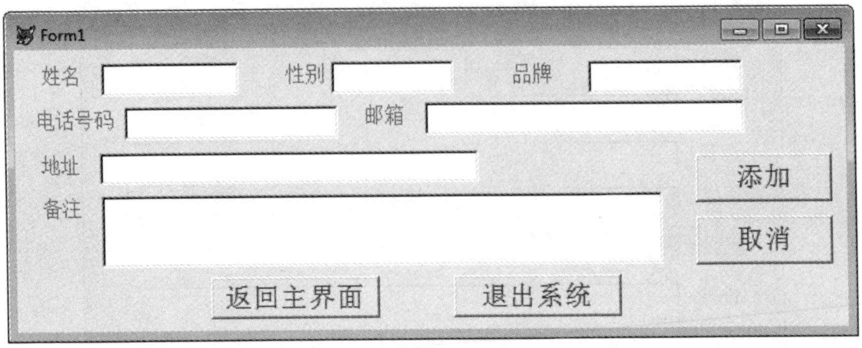

图7-6　名片记录添加表单

7.4.6　记录修改表单

这里以仓库信息修改为例,记录修改表单界面如图7-7所示。

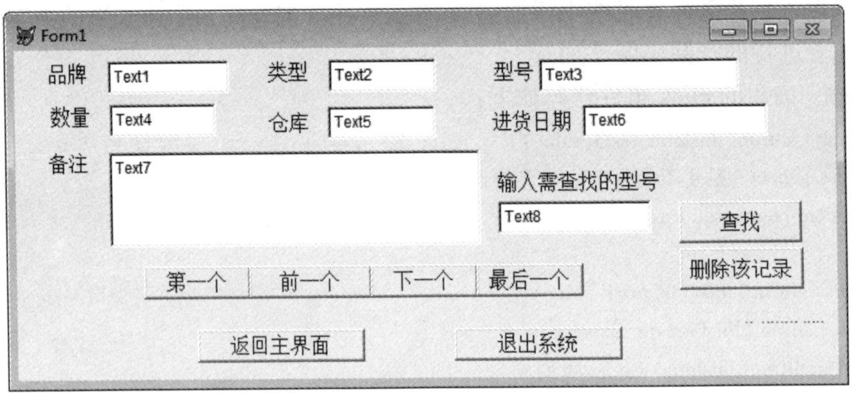

图7-7　仓库记录修改表单

仓库中的货物会有所变动,如数量的减少和增加,仓库的改变等。单击该表单的导航条("第一个""前一个""下一个""最后一个")可以逐条定位查找,如果要根据型号修改对应信息,可以直接在"输入需查找的型号"下的文本框中输入型号,如果没有找到,系统会给出提示信息。该表单同时也可以完成记录的删除任务,便于及时清除仓库表中数量为零的记录。

在该表单的数据环境中添加仓库(ck)表,将各文本框的controlsource属性设置为在仓库表中对应的字段,便完成了与仓库表的信息绑定。

在"查找"按钮的click事件中添加如下代码:

```
sele ck
```

```
set order to xh
locate for alltrim(ck. xh) = alltrim(thisform. text8. value)
if ！ found()
    messagebox("该型号不存在",48,"错误")
    go top
endif
thisform. text8. value = "
thisform. refresh
```

在"删除该记录"的 click 事件中添加如下代码：

```
nAnswer = messagebox("确定要删除吗?",36,"信息")
if nAnswer = 6
    thisform. dataenvironment. closetables('ck')
    use ck exclusive
    delete from ck where xh = alltrim(thisform. text3. value)
    pack
    use
    thisform. dataenvironment. opentables('ck')
    thisform. refresh
endif
```

除了仓库记录修改外，还有名片记录修改，如图 7-8 所示。具体实现算法与仓库记录修改类似，这里不再赘述。

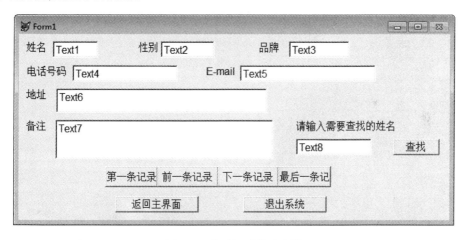

图 7-8　名片记录修改表单

7.5　报表设计

报表设计系统设计了大量报表来进行信息的浏览，界面如图 7-9 所示。

单击"按仓库浏览报表"，出现仓库排序报表，如图 7-10 所示。

单击"按品牌浏览报表"会出现以品牌排序的报表，单击"按类型浏览报表"则会出现以类型排序的报表，这样便于用户得到需要的报表。

113

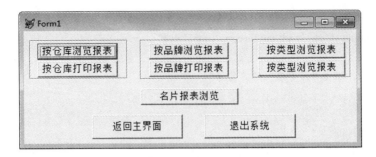

图 7-9　报表浏览主界面

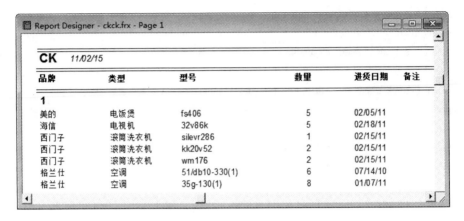

图 7-10　仓库报表

第8章 合同管理系统

8.1 需求分析

合同是最常见的文书。从大的角度来说,国家之间为了互利互惠,常与其它国家签订条约、备案存档。各个国家对内也需要出台各项政策措施,以求保民生,带动本国经济的稳步发展,这些政策也需要备案存档。而对于一个国家经济的细胞——企业来说,所签的合约则数不胜数。可以这样说,没有合约、没有合作、没有项目,就没有效益、没有生存。总之,无论是国际条约,还是国家政策,还是企业合同,都离不开备案存档等操作管理环节。

而目前对于一些小企业来说,文档文件需要备案存档时主要依靠手工操作,导致错误频出,比如内容不全或查询记录不方便,或者机密信息遭失窃等。

本应用将开发合同信息管理系统,减轻小型企业的合同信息管理问题,让操作更简单、更方便、更真实,降低小型企业合同信息管理的成本,以期提高企业竞争力、实现信息管理的现代化。

8.2 系统功能

合同管理系统的基本功能包括:
(1)管理合同内容、合同双方人员信息以及名片信息、企业内部的人员信息。
(2)简单的多用户权限管理。
(3)根据用户输入的条件查询到相关合同的内容,并可以打印相关报表、标签。
(4)管理用户的账号,管理系统信息,修改和管理公司信息。
本系统一共可分为四个模块,这四个模块又可分15个子模块,如图8-1所示。

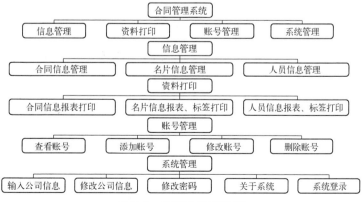

图8-1 系统功能模块图

8.3 数据库设计

数据库中主要包括五张数据库表,分别为:

1. 合同信息表

合同信息表主要包含合同基本信息,如表8-1所示。

表8-1 合同信息表(htinfo)

字 段 名	字 段 类 型	字 段 宽 度	是 否 索 引
合同编号	字符型	6	主索引
合同类型	字符型	20	
合同日期	日期型	8	
合同金额	货币型	8	
合同人	字符型	20	
对方合同人	字符型	20	
合同内容	备注型	4	
备注	备注型	4	

2. 名片信息表

名片信息表主要包含个人基本信息,如表8-2所示。

表8-2 名片信息表(htmpinfo)

字 段 名	字 段 类 型	字 段 宽 度	是 否 索 引
编号	字符型	6	主索引
姓名	字符型	20	
职务	字符型	20	
所在单位	字符型	30	
办电	字符型	12	
宅电	字符型	12	
手机	字符型	11	
传真	字符型	12	
地址	字符型	30	
邮编	字符型	6	
备注	备注型	4	

3. 人员信息表

人员信息表主要包含人员基本信息,如表8-3所示。

表 8-3　人员信息表(renyuan)

字 段 名	字 段 类 型	字 段 宽 度	是 否 索 引
编号	字符型	6	主索引
姓名	字符型	20	
性别	字符型	2	
部门	字符型	20	
职务	字符型	20	
手机	字符型	11	
电话	字符型	12	

4. 公司信息表

公司信息表主要包含公司信息,如表 8-4 所示。

表 8-4　公司信息表(compinfo)

字 段 名	字 段 类 型	字 段 宽 度	是 否 索 引
公司名称	字符型	40	
法人代表	字符型	30	

5. 账号信息表

账号信息表主要包含密码信息,如表 8-5 所示。

表 8-5　账号信息表(accounts)

字 段 名	字 段 类 型	字 段 宽 度	是 否 索 引
账号	字符型	30	主索引
密码	字符型	30	
级别	字符型	12	
姓名	字符型	20	

8.4　主要模块的设计与实现

本系统由登录界面进入主菜单,主要模块及关键程序代码如下:

8.4.1　登录表单

登录表单的界面如图 8-2 所示。

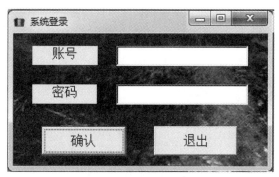

图 8-2　登录表单

"确认"按钮的 click 事件代码为:

```
set exact on
if alltrim(thisform. txt 账号 . value) == " "
    messagebox("请输入账号",48,"合同管理 Contract Management")
    thisform. txt 账号 . setfocus
    return
endif
thisform. i = thisform. i + 1
select 账号信息
locate for alltrim(账号信息 . 账号) = alltrim(thisform. txt 密码 . value)
if found( ) and alltrim(账号信息 . 密码) = alltrim(thisform. txt 密码 . value)
    if 级别 = "董事长"
        bSAdmin = "sys"
    else
        bSAdmin = " "
    endif
    zh = 账号信息 . 账号
    select 密码 from 账号信息 Accounts where 账号 = zh into array mm
    if mm = thisform. txt 密码 . value
        thisform. refresh
    else
        messagebox("密码错误",48,"系统警告")
        thisform. txt 密码 . setfocus
    endif
    cUser = alltrim(thisform. txt 账号 . value)
    if bsadmin = "sys"
        do form MainForm
        thisform. release
    else
        messagebox("级别不符",48,"系统警告")
        thisform. txt 账号 . value = " "
        thisform. txt 密码 . value = " "
        thisform. txt 账号 . setfocus
    endif
else
    if thisform. i < 3
        messagebox("账号或密码错误",48,"系统警告")
        thisform. txt 账号 . value = " "
        thisform. txt 密码 . value = " "
        thisform. txt 账号 . setfocus
    else
        messagebox("密码错误 3 次,系统无法正常启动",48,"系统警告")
        thisform. release
```

```
        clear events
          quit
      endif
  endif
set exact off
```

8.4.2　主菜单

正确登录系统后,将出现如图 8-3 所示的主菜单。

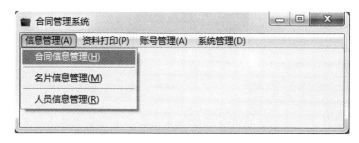

图 8-3　主菜单

下面详细介绍各个主要功能及实现方法。

8.4.3　类的创建

本系统创建了三个类,用来实现常见操作的封装,如图 8-4～图 8-6 所示。

图 8-4　常用工具栏类

图 8-5　记录操作类

119

图 8-6　记录指针移动类

如图所示,三个类分别为"常用工具栏"类、"记录指针移动"类和"记录操作"类。对于"记录指针移动"类,当记录指针指向第一条和最后一条时,首记录、上记录和下记录、末记录都不可用,在按钮的 refresh 事件中添加如下代码:

```
if ( eof( ) . and.  bof( ) ) . or.  reccount( ) == 0
    thisform. htadmmr. cmdpre. enabled = . f.
    thisform. htadmmr. cmdtop. enabled = . f.
    thisform. htadmmr. cmdnext. enabled = . f.
    thisform. htadmmr. cmdbot. enabled = . f.
    return
endif
if bof( ) . or.  recno( ) == 1
    thisform. htadmmr. cmdpre. enabled = . f.
    thisform. htadmmr. cmdtop. enabled = . f.
    thisform. htadmmr. cmdnext. enabled = . t.
    thisform. htadmmr. cmdbot. enabled = . t.
    return
endif
if eof( ) . or.  recno( ) = reccount( )
    thisform. htadmmr. cmdpre. enabled = . t.
    thisform. htadmmr. cmdtop. enabled = . t.
    thisform. htadmmr. cmdnext. enabled = . f.
    thisform. htadmmr. cmdbot. enabled = . f.
    return
endif
thisform. htadmmr. cmdpre. enabled = . t.
thisform. htadmmr. cmdtop. enabled = . t.
thisform. htadmmr. cmdnext. enabled = . t.
thisform. htadmmr. cmdbot. enabled = . t.
```

8.4.4　合同信息模块:信息管理、查询与结果打印

合同信息管理表单界面如图 8-7 所示。

在制作该表单时,创建了两个自定义方法程序,ModeBrse 和 ModeMody。

ModeBrse 用来使表单进入浏览状态,它是指表单中的文本框、编辑框控件只读,下拉列表框禁用,"记录操作"除了"保存"和"取消",其余都能使用。它的方法代码如下:

```
thisform. txt 合同编号 . readonly = . t.
```

thisform. txt 合同类型 . readonly = . t.

thisform. txt 合同日期 . readonly = . t.

thisform. txt 合同金额 . readonly = . t.

thisform. cmb 我方合同人 . enabled = . f.

thisform. cmb 对方合同人 . enabled = . f.

thisform. edt 合同内容 . readonly = . t.

thisform. edt 备注 . readonly = . t.

thisform . htadmmr. enabled = . t.

thisform. cmdwf. visible = . f.　　&&"我方合同人"的"添加资料"

thisform. cmddf. visible = . f.　　&&"对方合同人"的"添加资料"

thisform. htadmabg. cmdadd. enabled = . t.

thisform. htadmabg. cmdmod. enabled = . t.

thisform. htadmabg. cmddel. enabled = . t.

thisform. htadmabg. cmdser. enabled = . t.

thisform. htadmabg. cmdpri. enabled = . t.

thisform. htadmabg. cmdsave. enabled = . f.

thisform. htadmabg. cmdcancel. enabled = . f.

thisform. htadmabg. cmdexit. enabled = . t.

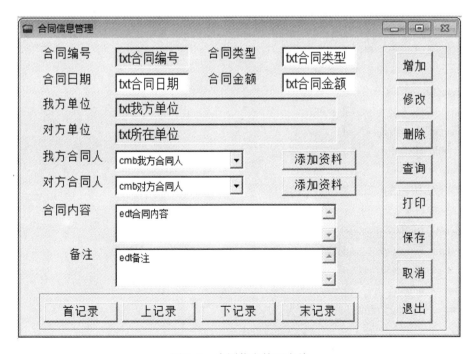

图 8-7　合同信息管理表单

相反 , ModeMody 就是使表单进入修改状态。所有的命令和 ModeBrse 相反。

"增加"按钮的 click 事件代码为:

```
select 合同信息
thisform. OldRecord = recno( )
go bottom
local BH
BH = 合同信息. 合同编号
BH = right( BH,4)
BH = val( BH) + 1
if BH > 999
   BH = str( BH,4)
   BH = " HT" + BH
else
   if BH > 99
     BH = STR( BH,3)
     BH = " HT0" + BH
   else
     if BH > 9
        BH = str( BH,2)
        BH = " HT00" + BH
     else
     BH = str( BH,1)
     BH = " HT000" + BH
       endif
    endif
endif
append blank
thisform. txt 合同编号. value = BH
thisform. FormMode = " cadd"
thisform. ModeMody
thisform. refresh
```

"修改"按钮的 click 事件代码为:

```
select 合同信息
thisform. OldRecord = recno( )
thisform. FormMode = " cadd"
thisform. ModeMody
thisform. refresh
```

"删除"按钮的 click 事件代码为:

```
YN = messagebox( " 确定删除",4 + 32, " 合同管理")
if YN = 6
   delete
   pack
   thisform. refresh
endif
```

单击"查询"后,进入合同查询界面,如图 8-8 所示。

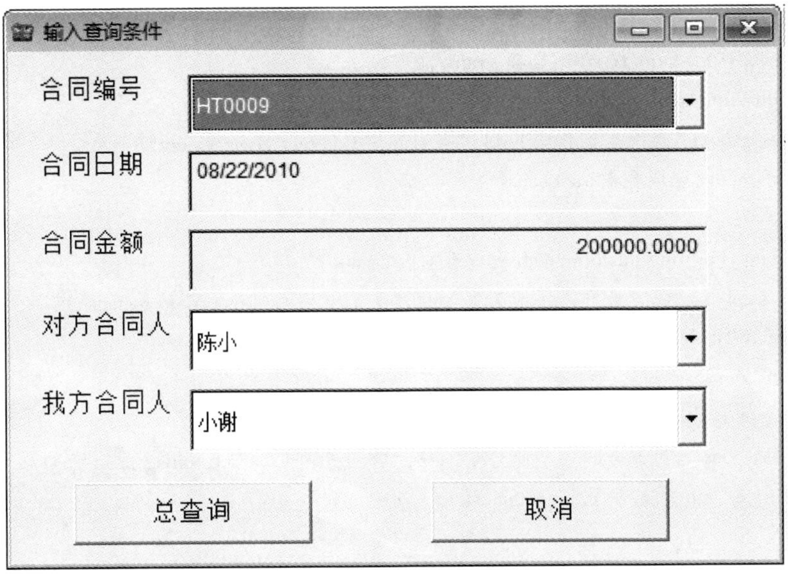

图 8-8　合同查询表单

"合同编号"下拉列表框的 interactivechange 事件代码为:

strhtbh = 合同信息. 合同编号

select 合同日期 from 合同信息 where 合同编号 = strhtbh into array daterq

thisform. txt 日期 . value = daterq

select 合同金额 from 合同信息 where 合同编号 = strhtbh into array strhtje

thisform. txt 金额 . value = strhtje

select 对方合同人 from 合同信息 where 合同编号 = strhtbh into array cmbdfhtr

thisform. cmb 对方合同人 . value = cmbdfhtr

select 合同人 from 合同信息 where 合同编号 = strhtbh into array cmbwfhtr

thisform. cmb 我方合同人 . value = cmbwfhtr

图 8-7 中"保存"按钮的 click 事件代码为:

local ok

ok = . T.

do case

　case empty(alltrim(thisform. txt 合同类型 . value))

　　messagebox("合同类型不能为空" ,48,"合同管理 Contract Management")

　　thisform. txt 合同类型 . setfocus( )

　　ok = . F.

　case empty(thisform. txt 合同日期 . value)

　　messagebox("合同日期不能为空" ,48,"合同管理 Contract Management")

123

```
        thisform. txt 合同日期 . setfocus( )
        ok = . F.
    case empty( thisform. txt 合同金额 . value) ;
        or thisform. txt 合同金额 . value < = 0
        messagebox(" 合同金额错误",48," 合同管理 Contract Management" )
        thisform. txt 合同金额 . setfocus( )
        ok = . F.
    case empty( alltrim( thisform. cmb 我方合同人 . value) )
        messagebox(" 我方合同人不能为空",48," 合同管理 Contract Management" )
        thisform. cmb 我方合同人 . setfocus( )
        ok = . F.
    case empty( alltrim( thisform. cmb 对方合同人 . value) )
        messagebox(" 对方合同人不能为空",48," 合同管理 Contract Management" )
        thisform. cmb 对方合同人 . setfocus( )
        ok = . F.
    case empty( alltrim( thisform. edt 合同内容 . value) )
        messagebox(" 合同内容不能为空",48," 合同管理 Contract Management" )
        thisform. edt 合同内容 . setfocus( )
    ok = . F.
endcase
if OK = . T.
    YN = messagebox(" 确定保存",4 + 32," 合同管理 Contract Management" )
    if YN = 6
        select 合同信息
        replace 对方合同人 with thisform. cmb 对方合同人 . value;
            for 合同编号 = thisform. txt 合同编号 . value
        tableupdate(. F. )
        messagebox(" 保存成功",64," 合同管理 Contract Management" )
        set filter to
        go thisform. OldRecord
        thisform. ModeBrse
        thisform. refresh
    endif
endif
```

8.4.5　名片信息模块:信息管理、查询与结果打印

名片信息管理表单界面如图 8-9 所示。

各按钮实现方式与 8.4.4 节类似,这里不再赘述。

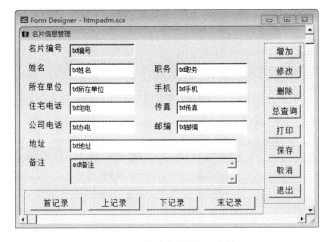

图 8-9　名片信息管理表单

8.4.6　人员信息模块：信息管理、查询与结果打印

人员信息管理表单界面如图 8-10 所示。

各按钮实现方式与 8.4.4 节类似，这里不再赘述。

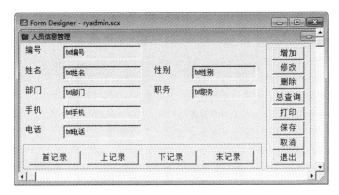

图 8-10　人员信息管理表单

8.4.7　账号管理模块

账号管理模块包括账号添加、修改、删除等功能，图 8-11 显示了账号添加表单。

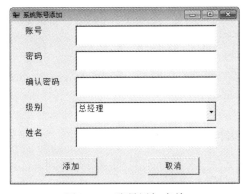

图 8-11　账号添加表单

账号添加可以使用 Insert 命令,向表中增加新的用户信息,这里不再赘述。

8.4.8 系统管理模块

系统管理模块包括添加公司信息、修改公司信息、系统登录、修改密码等。图 8-12 和图 8-13 显示了公司信息的输入和修改,它们分别用 insert 和 update 语句实现数据库信息的添加和修改,这里不再赘述。

图 8-12　公司信息输入表单

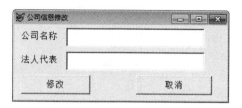

图 8-13　公司信息修改表单

此外,还包含密码修改,与 2.4.3 节类似,这里也不再赘述。

8.5　报表与标签

设置报表与标签模式用于信息的打印,如图 8-14 所示。

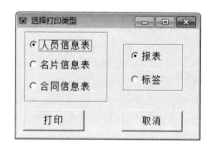

图 8-14　打印选项

其中,对于合同信息表只能打印报表,不能打印标签。为此,在选项组中的 valid 事件里填写了代码,使达成效果,代码如下:

```
if this. value = 3
    thisform. Optgrp2. value = 1
    thisform. Optgrp2. enabled = . F.
else
    thisform. Optgrp2. enabled = . T.
endif
```

"打印"按钮的 click 事件代码如下:

```
do case
    case thisform. optgrp1. value = 1
        if thisform. optgrp2. value = 1
```

```
        report form RenYuan preview
    else
        label form RenYuan preview
    endif
case thisform. optgrp1. value = 2
    if thisform. optgrp2. value = 1
        report form HtMpInfo preview
    else
        label form HtMpInfo preview
    endif
case thisform. optgrp1. value = 3
        report form HtInfo preview
endcase
thisform. release
```

打印人员信息表的报表预览如图 8-15 所示。

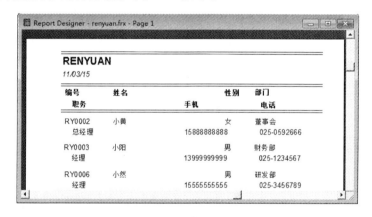

图 8-15　人员信息报表预览

打印名片信息表的"标签"预览如图 8-16 所示。

图 8-16　名片信息标签预览

第9章　商业汇票管理系统

9.1　需 求 分 析

　　随着商业的快速发展,商业汇票的需求也大大增加。商业汇票业务急需有一个管理信息系统来对其业务加以管理控制,借以提高经济效益。但是,现在的整个商业汇票行业,在管理系统方面是非常欠缺的,很大程度上制约了商业汇票行业的发展。所以,开发一个商业汇票管理信息系统是非常必要的,也是对本行业科学管理的需要。

　　商业汇票管理系统是一个综合性的管理信息系统,旨在协助企业对商业汇票进行统一有效的管理,使商业汇票管理科学化,资源合理配置,商业汇票工作更加顺畅、简单,从而提高企业的经济效益。

9.2　系统功能模块

　　商业汇票管理系统的系统功能模块有账号管理、商业汇票管理、查询统计和系统管理等,框架示意图如9-1所示。

　　从图中可以看出,本系统主要完成以下功能:

　　(1) 账号管理:包括用户开户、用户销户、用户资料的修改和退出系统。

　　(2) 商业汇票管理:包括设置手续费、设置月贴现率和商业汇票业务。

　　(3) 查询统计:包括查询用户余额、查询商业汇票明细、浏览交易明细和用户资料打印。

　　(4) 系统管理:包括修改个人密码、注册系统用户。

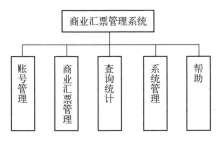

图9-1　系统功能模块图

9.3　数据库与表设计

　　数据库中主要包括四张数据库表,分别为:

1. 用户档案表

用户档案表主要包含用户基本信息,如表9-1所示。

2. 关于所有权表

关于所有权表如9-2所示。

表 9-1　用户档案表(dossier)

字 段 名	字 段 含 义	字 段 类 型	字 段 宽 度	是 否 索 引
id	账号	C	10	主索引
name	户名	C	8	
sex	性别	C	2	
sfz	身份证	C	20	
company	公司	C	40	
address	详细地址	C	30	
tel	联系电话	C	15	
balance	剩余金额	N	12	

表 9-2　关于所有权表(option)

字 段 名	字 段 含 义	字 段 类 型	字 段 宽 度	是 否 索 引
name	姓名	C	20	
school	学校	C	20	
handfee	手续费	N	10	
txl	月贴现率	Y	8	

3. 商业汇票业务表

商业汇票业务表主要包含商业汇票信息,如表 9-3 所示。

表 9-3　商业汇票业务表(polist)

字 段 名	字 段 含 义	字 段 类 型	字 段 宽 度	是 否 索 引
id	用户账号	C	10	主索引
inid	流水账号	C	2	
Type	汇票类型	C	10	
Money	汇票金额	Y	8	
stime	开始时间	D	8	
etime	结束时间	D	8	
regdate	交易时间	T	8	

4. 用户账号表

用户账号表主要包含账号信息,如表 9-4 所示。

表 9-4　用户账号表(user)

字 段 名	字 段 含 义	字 段 类 型	字 段 宽 度	是 否 索 引
username	用户名	C	10	
passwd	密码	C	10	

129

9.4　关键程序代码

本系统由登录表单进入操作界面,主要模块及关键程序代码如下:

9.4.1　登录表单

登录表单的界面如图9-2所示。

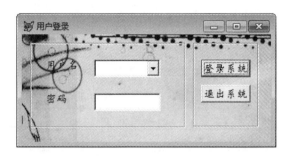

图9-2　登录表单

"登录系统"的实现方法与1.4.3节类似,这里不再赘述。

9.4.2　系统主界面

在登录界面中输入正确的用户名和密码后,将进入到系统的主界面,在该界面中可以很方便地调用任意一个系统模块,如图9-3所示。

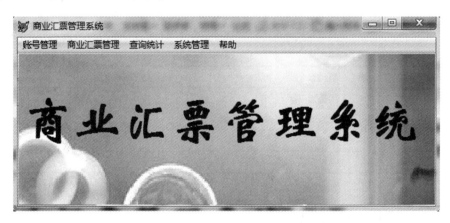

图9-3　主界面

下面详细介绍各个主要功能及实现方法。

9.4.3　账号管理

1. 用户开户

用户开户表单主要用于开户,如图9-4所示。

130

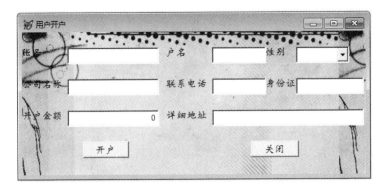

图 9-4　用户开户

"开户"按钮的 click 事件代码如下:

```
with thisform
  if alltrim(. text1. value) == ''
    messagebox('账号不为空')
  else
    if alltrim(. text4. value) == ''
      messagebox('户名不为空')
    else
      insert into dossier(id, name, sex, company, tel, sfz, balance, address) values (. text1. value,
          . text4. value, . combo1. value, . text2. value, . text5. value, .  text7. value, . text3. value,
          . text6. value)
      . text1. value = ''
      . text4. value = ''
      . combo1. value = ''
      . text2. value = ''
      . text5. value = ''
      . text7. value = ''
      . text3. value = ''
      . text6. value = ''
    endif
  endif
endwith
```

2. 用户销户

在用户销户界面中可以对用户的资料进行销户, 如图 9-5 所示。

"查询"按钮的 click 事件代码为:

```
with thisform
locate for id = allt( thisform. text7. value)
if . not.  eof( )
  thisform. text1. value = name
  thisform. text3. value = company
  thisform. text4. value = tel
```

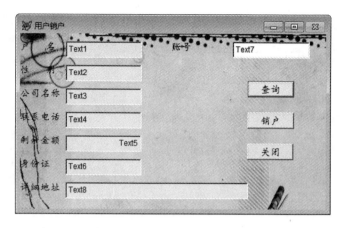

图 9-5　用户销户

thisform. text6. value = sfz

thisform. text5. value = balance

thisform. text8. value = address

thisform. text2. value = sex

else

　messagebox('账户不存在,请重新输入! ')

　thisform. text1. value = ''

　thisform. text3. value = ''

　thisform. text4. value = ''

　thisform. text6. value = ''

　thisform. text5. value = ''

　thisform. text8. value = ''

　thisform. text2. value = ''

endif

endwith

"销户"按钮的 click 事件代码为:

if alltrim(thisform. text1. value) == ''

　messagebox('账户不存在! ')

else

　if(messagebox("真的要销户吗?",4 + 32 + 0,"提示信息") = 6)

　　dele

　　pack

　　messagebox("已经成功销户!",64,"提示信息")

　　thisform. text1. value = ''

　　thisform. text3. value = ''

　　thisform. text4. value = ''

　　thisform . text6. value = ''

　　thisform . text5. value = ''

　　thisform. text8. value = ''

　　thisform. text2. value = ''

```
        endif
    endif
```

9.4.4 商业汇票管理

1. 商业汇票业务

商业汇票业务表单如图 9-6 所示,在该界面中可以对商业汇票业务进行提交操作。

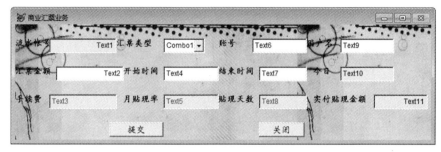

图 9-6 商业汇票业务表单

"提交"按钮的 click 事件代码如下:

```
with thisform
    if thisform. text6. value == ''
        messagebox('账号错误,请重新输入')
    else
        sele dossier
        locate for allt( dossier. id) = allt( thisform. text6. value)
        if . not. eof( )
            if thisform. text2. value < = balance
                replace balance with balance − . text2. value
                sele polist
                insert into polist( id, type, inid, money, stime, etime, regdate) ;
                    values(. text6. value,. combo1. value,. text1. value,. text2. value,. text4. value,
                    . text7. value, datetime( ))
                . text1. value = . text1. value + 1
                . combo1. value = ''
                . text6. value = ''
                . text2. value = 0
                messagebox('提交成功! ')
            else
                messagebox('余额不足')
            endif
        else
            messagebox('账号错误,请重新输入')
        endif
    endif
endwith
```

2. 存款业务

存款业务界面如图9-7所示,在该界面中输入存款账号和存款金额,单击"存款"按钮,即可存款。

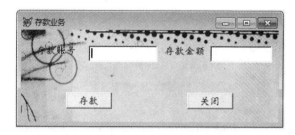

图9-7　存款业务

关键代码如下所示:

```
locate for allt(dossier. id) = allt(thisform. text1. value)
if . not.  eof()
    replace balance with val(thisform. text2. value) + balance
    thisform. text1. value = ''
    thisform. text2. value = 0
else
    messagebox('存款账号错误！')
    thisform. text1. value = ''
endif
```

9.4.5　查询统计

1. 查询用户余额

查询用户余额表单如图9-8所示,在该界面中输入用户账号,可查询用户名和余额。

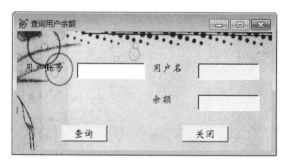

图9-8　查询用户余额

该表单的数据环境配置为dossier表,关键代码如下:

```
locate for id = allt(thisform. text1. value)
if . not.  eof()
    thisform. text3. value = str(balance)
    thisform. text2. value = name
```

134

else

    thisform. text2. value = ''

    thisform. text3. value = ''

    messagebox('账号错误,请输入用户账号')

endif

2. 查询商业汇票明细

打开查询商业汇票明细界面,在该界面中可以对商业汇票明细进行浏览,如图9-9所示。

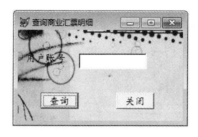

图 9-9　查询商业汇票明细

该表单的数据环境配置为 polist 表,查询实现方法与查询用户余额类似,这里不再赘述。

9.4.6　系统管理

1. 添加用户

打开添加用户界面,在该界面中可以为系统添加新的用户,如图9-10所示。

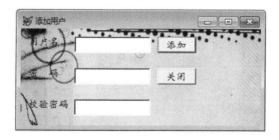

图 9-10　添加用户表单

"添加"按钮的 click 事件代码为:

```
select user
if thisform. text3. value < thisform. text2. value . or. len( thisform. text3. value) = 0 . or. len
    (thisform. text2. value) = 0
  messagebox("两次输入密码不一致!",30,"警告")
else
  appe blank
  messagebox("恭喜你,添加用户成功!",64,"成功")
  replace passwd with thisform. text2. value
  replace username with thisform. text1. value
```

```
    thisform. text1. value = " "
    thisform. text2. value = " "
    thisform. text3. value = " "
endif
```

2. 修改密码

打开修改密码界面,在该界面中可以对用户名和密码进行修改操作,如图 9-11 所示。

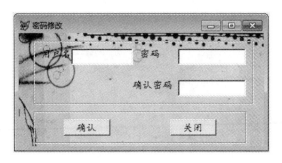

图 9-11　修改密码

该表单的实现方法与 2.4.3 节类似,这里不再赘述。

9.4.7　报表设计

系统中设有用户档案报表对应于前面提到的用户资料修改表单,可进行打印预览与打印工作,如图 9-12 所示。

图 9-12　报表设计

第10章 账务处理系统

10.1 系统总体规划

目前,很多小企业都没有配备专门的账务管理系统,只是做笔头记录或用 Excel 记录。数据计算的人工化大大降低了会计工作进程,也不利于企业的决策。本章设计的账务处理系统适合小型企业运行和应用,将大大提高会计进程,同时由于完全由计算机进行计算运行,将会极大降低出错比率,从而减少会计核算的工作量。

账务处理系统的功能模块如图 10-1 所示。

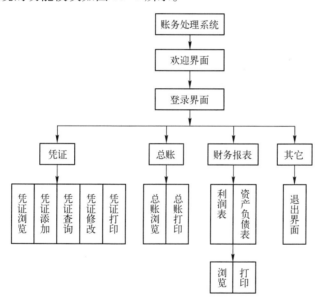

图 10-1 系统功能模块图

从图中可以看出,本系统主要完成以下功能:

(1)凭证浏览:可以上下翻阅每一张凭证的详细内容,为了迅速准确方便地查看某一张或某几张凭证,可以通过凭证查找,分类查看所需要的凭证。此外,还有凭证添加功能,能快速准确地进行凭证的填写和添加,并能对凭证进行修改。

(2)总账功能:只要选择想要的会计科目,总账将自行展现出来。

(3)设有资产负债表和利润表,用户无需手动计算或输入,这两个报表将自动运行其结果。

(4)凭证、总账、资产负债表和利润表都有打印预览和打印功能,便于随时进行数据输出,使企业管理部门及时和易于了解并掌握会计信息,作出正确的管理决策。

10.2 数据库设计

数据库中主要包括四张数据库表,分别为:

1. 用户表

用户表主要包含用户基本信息,如表 10-1 所示。

表 10-1 用户表(checker)

字 段 名	字 段 含 义	字 段 类 型	字 段 宽 度
bianhao	科目编号	字符型	4
quancheng	科目全称	字符型	20

2. 凭证 1 表

凭证 1 表如表 10-2 所示。

表 10-2 凭证 1 表(pengzheng1)

字 段 名	字 段 含 义	字 段 类 型	字 段 宽 度
xuhao	序号	数值型	4
riqi	日期	日期型	8
pingzhengz	凭证字	字符型	2
pingzhenghao	凭证号	数值型	4
zhaiyao	摘要	字符型	24

3. 凭证 2 表

凭证 2 表如表 10-3 所示。

表 10-3 凭证 2 表(pengzheng2)

字 段 名	字 段 含 义	字 段 类 型	字 段 宽 度
xuhao	序号	数值型	4
quancheng	科目全称	字符型	18
jfje	借方金额	数值型	12
dfje	贷方金额	数值型	12

4. 科目表

科目表主要包含科目信息,如表 10-4 所示。

表 10-4 科目表(kemubiao)

字 段 名	字 段 含 义	字 段 类 型	字 段 宽 度
bianhao	编号	字符型	4
kemu	科目	字符型	20

10.3 表单设计与实现

本系统由登录表单进入操作界面,主要模块及关键程序代码如下:

10.3.1 登录表单

登录表单的界面如图 10-2 所示。

图 10-2　登录表单

"登录系统"的实现方法与 1.4.3 节类似,这里不再赘述。

10.3.2 系统主界面

在登录界面中输入正确的用户名和密码后,将进入到系统的主界面,在该界面中可以很方便地调用任意一个系统模块,如图 10-3 所示。

图 10-3　主界面

下面详细介绍各个主要功能及实现方法。

10.3.3 凭证

1. 凭证浏览

凭证浏览界面如图 10-4 所示。

"凭证浏览"表单实现一张一张凭证的浏览,每一张凭证有一个唯一的序号,而且序号需要随凭证录入的时间先后自动生成。在此表单的数据环境中添加 pingzheng1 和 pingzheng2 两个表。为使每次根据序号只显示一张凭证的内容,给两张表建立关系,当序号为 1 时,在表格控件中只显示序号为 1 的记录,其中表格控件设置 recordsource 等属性,表格控件中的 column 控件设置 controlsource 等属性。

为了给每次显示的某张凭证的借方金额和贷方金额算合计数,在 Text1 的 refresh 事件中设置代码如下:

```
select pingzheng2. jfje as jhj,pingzheng2. dfje as dhj from pingzheng2 where
        pingzheng2. xuhao = thisform. text3. value into cursor hj
sum hj. jhj to thisform. text1. value
sum hj. dhj to thisform. text2. value
clear
select pingzheng1
```

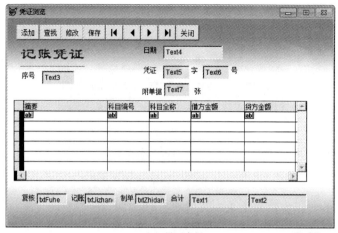

（a）界面布局

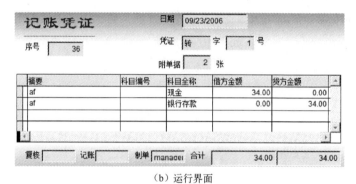

（b）运行界面

图 10-4 凭证浏览

2. 凭证添加

凭证添加界面如图 10-5 所示。

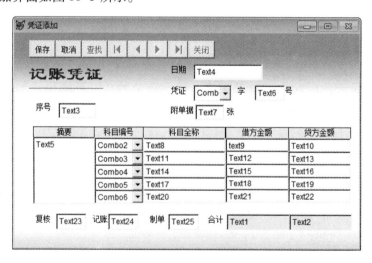

图 10-5 凭证添加

在表单的 init 事件中,做如下初始化工作:

```
select kemubiao
select checker
select pingzheng1
select pingzheng2
set date to long
go bottom
append blank
thisform. text3. value = recno( )
thisform. text4. value = date( )
thisform. text25. value = checker. yonghu
```

"保存"按钮的 click 事件代码为：

```
if thisform. text1. value == thisform. text2. value and empty( thisform. text4. value ) = . f.  and;
    empty( thisform. text5. value ) = . f.  and empty( thisform. text6. value ) = . f.  and
    empty( thisform. text7. value ) = . f. ;
    and empty( thisform. combo2. value ) = . f.  and empty( thisform. combo3. value ) = . f.
  insert into pingzheng2 ( xuhao,quancheng,jfje,dfje)
        values ( thisform. text3. value, thisform. text8. value, val ( thisform. text9. value ) , val ( this
        form. text10. value) )
  insert into pingzheng2 ( xuhao,quancheng,jfje,dfje)
        values ( thisform. text3. value, thisform. text11. value, val ( thisform. text12. value ) , val
        ( thisform. text13. value) )
  insert into pingzheng2 ( xuhao,quancheng,jfje,dfje)
        values ( thisform. text3. value, thisform. text14. value, val ( thisform. text15. value ) , val
        ( thisform. text16. value) )
  insert into pingzheng2 ( xuhao,quancheng,jfje,dfje)
        values ( thisform. text3. value, thisform. text17. value, val ( thisform. text18. value ) , val
        ( thisform. text19. value) )
  insert into pingzheng2 ( xuhao,quancheng,jfje,dfje)
        values ( thisform. text3. value, thisform. text20. value, val ( thisform. text21. value ) , val
        ( thisform. text22. value) )
  thisform. refresh
  delete from pingzheng2 where alltrim( pingzheng2. quancheng ) == ''
  pack
  thisform. release
  do form pingzheng
else
  do case
    case empty( thisform. text4. value ) = . t.
      messagebox('日期不能为空','错误提示')
    case empty( thisform. text5. value ) = . t.
      messagebox('摘要不能为空','错误提示')
    case empty( thisform. text6. value ) = . t.
```

```
            messagebox('凭证号不能为空','错误提示')
        case empty(thisform. combo1. value) = . t.
            messagebox('凭证字不能为空','错误提示')
        case empty(thisform. text7. value) = . t.
            messagebox('单据数不能为空','错误提示')
        case empty(thisform. combo2. value) = . t.
            messagebox('科目编号不能为空','错误提示')
        case empty(thisform. combo3. value) = . t.
            messagebox('科目编号不能为空','错误提示')
        case thisform. text1. value! = thisform. text2. value
            messagebox('借贷不等','错误提示')
    endcase
endif
```

3. 凭证查询

凭证查询界面如图 10-6 所示。

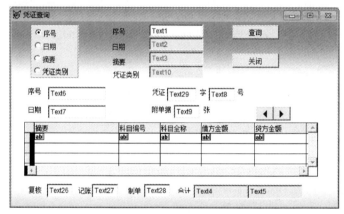

（a）界面布局

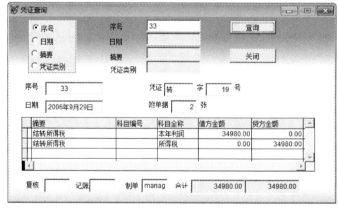

（b）序号查询

图 10-6　凭证查询

"查询"按钮的 click 事件代码如下：

```
thisform. refresh
thisform. command11. enabled = . t.
thisform. command10. enabled = . t.

select    pingzheng1
do case
   case thisform. optiongroup1. value = 1
      if val( thisform. text1. value) > reccount( )
         messagebox('不存在该序号','提示')
      else
         locate for pingzheng1. xuhao = val( thisform. text1. value)
         thisform. text6. value = str( pingzheng1. xuhao)
         thisform. text7. value = pingzheng1. riqi
         thisform. text29. value = pingzheng1. pingzhengz
         thisform. text8. value = pingzheng1. pingzhengh
         thisform. text9. value = pingzheng1. danjushu
         thisform. text26. value = pingzheng1. fuhe
         thisform. text27. value = pingzheng1. jizhang
         thisform. text28. value = checker. yonghu
         thisform. grdpingzheng2. recordsource = 'pingzheng2 '
         thisform. grdpingzheng2. column2. controlsource = 'pingzheng1. zhaiyao '
         thisform. grdpingzheng2. column3. controlsource = 'kemubiao. bianhao '
         thisform. grdpingzheng2. column4. controlsource = 'pingzheng2. quancheng '
         thisform. grdpingzheng2. column5. controlsource = 'pingzheng2. jfje '
         thisform. grdpingzheng2. column6. controlsource = 'pingzheng2. dfje '
         thisform. refresh
      endif

   case thisform. optiongroup1. value = 2
      locate for ( alltrim( thisform. text2. value) $ dtoc( pingzheng1. riqi) ) = . t.
      if found( )
         thisform. command11. visible = . t.
         thisform. text6. value = str( pingzheng1. xuhao)
         thisform. text7. value = pingzheng1. riqi
         thisform. text29. value = pingzheng1. pingzhengz
         thisform. text8. value = pingzheng1. pingzhengh
         thisform. text9. value = pingzheng1. danjushu
         thisform. text26. value = pingzheng1. fuhe
         thisform. text27. value = pingzheng1. jizhang
         thisform. text28. value = checker. yonghu
         thisform. grdpingzheng2. recordsource = 'pingzheng2 '
         thisform. grdpingzheng2. column2. controlsource = 'pingzheng1. zhaiyao '
         thisform. grdpingzheng2. column3. controlsource = 'kemubiao. bianhao '
```

```
          thisform. grdpingzheng2. column4. controlsource = 'pingzheng2. quancheng '
          thisform. grdpingzheng2. column5. controlsource = 'pingzheng2. jfje '
          thisform. grdpingzheng2. column6. controlsource = 'pingzheng2. dfje '
          thisform. refresh
      else
          messagebox('不存在该凭证,请重新输入日期','提示')
      endif

case thisform. optiongroup1. value = 3
    locate for (alltrim( thisform. text3. value) $ pingzheng1. zhaiyao) = . t.
    if found( )
        thisform. command11. visible = . t.
        thisform. text6. value = str( pingzheng1. xuhao)
        thisform. text7. value = pingzheng1. riqi
        thisform. text29. value = pingzheng1. pingzhengz
        thisform. text8. value = pingzheng1. pingzhengh
        thisform. text9. value = pingzheng1. danjushu
        thisform. text26. value = pingzheng1. fuhe
        thisform. text27. value = pingzheng1. jizhang
        thisform. text28. value = checker. yonghu
        thisform. grdpingzheng2. recordsource = 'pingzheng2 '
        thisform. grdpingzheng2. column2. controlsource = 'pingzheng1. zhaiyao '
        thisform. grdpingzheng2. column3. controlsource = 'kemubiao. bianhao '
        thisform. grdpingzheng2. column4. controlsource = 'pingzheng2. quancheng '
        thisform. grdpingzheng2. column5. controlsource = 'pingzheng2. jfje '
        thisform. grdpingzheng2. column6. controlsource = 'pingzheng2. dfje '
        thisform. refresh
    else
        messagebox('不存在该凭证,请重新输入摘要','提示')
    endif

case thisform. optiongroup1. value = 4
    locate for pingzheng1. pingzhengz = alltrim( thisform. text10. value)
    if found( )
        thisform. command11. visible = . t.
        thisform. text6. value = str( pingzheng1. xuhao)
        thisform. text7. value = pingzheng1. riqi
        thisform. text29. value = pingzheng1. pingzhengz
        thisform. text8. value = pingzheng1. pingzhengh
        thisform. text9. value = pingzheng1. danjushu
        thisform. text26. value = pingzheng1. fuhe
        thisform. text27. value = pingzheng1. jizhang
        thisform. text28. value = checker. yonghu
        thisform. grdpingzheng2. recordsource = 'pingzheng2 '
```

144

```
    thisform. grdpingzheng2. column2. controlsource = 'pingzheng1. zhaiyao '
    thisform. grdpingzheng2. column3. controlsource = 'kemubiao. bianhao '
    thisform. grdpingzheng2. column4. controlsource = 'pingzheng2. quancheng '
    thisform. grdpingzheng2. column5. controlsource = 'pingzheng2. jfje '
    thisform. grdpingzheng2. column6. controlsource = 'pingzheng2. dfje '
    thisform. refresh
    else
        messagebox('不存在该凭证,请重新输入类别','提示')
    endif
endcase
```

10.3.4　总账

这里面主要包含总账的浏览功能,如图 10-7 所示。

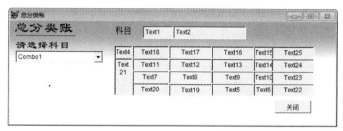

（a）界面布局

（b）运行界面

图 10-7　总账浏览

Combo1 的 interactivechange 事件代码为:

```
locate for kemubiao. kemu = this. value
thisform. text1. value = kemubiao. bianhao
thisform. text2. value = this. value
thisform. text21. value = 9
thisform. text12. value = 0. 00
thisform. text13. value = 0. 00

if thisform. text12. value = thisform. text13. value
    thisform. text14. value = '平'
else
    if thisform. text12. value > thisform. text13. value
        thisform. text14. value = '借'
```

```
        else
            thisform. text14. value = '贷'
        endif
    endif

    thisform. text24. value = thisform. text12. value − thisform. text13. value
    select pingzheng2. jfje as jj , pingzheng2. dfje as dj from pingzheng2 where
        pingzheng2. quancheng = thisform. text2. value into cursor zzhj
    sum zzhj. jj to jzje
    sum zzhj. dj to dzje
    thisform. text8. value = jzje
    thisform. text9. value = dzje
    clear

    if thisform. text8. value = thisform. text9. value
        thisform. text10. value = '平'
    else
        if thisform. text8. value > thisform. text9. value
            thisform. text10. value = '借'
        else
            thisform. text10. value = '贷'
        endif
    endif

    thisform. text23. value = abs( thisform. text8. value − thisform. text9. value )
    thisform. text19. value = thisform. text12. value + thisform. text8. value
    thisform. text5. value = thisform. text13. value + thisform. text9. value


    if thisform. text19. value = thisform. text5. value
        thisform. text6. value = '平'
    else
        if thisform. text19. value > thisform. text5. value
            thisform. text6. value = '借'
        else
            thisform. text6. value = '贷'
        endif
    endif

    thisform. refresh
    thisform. text22. value = abs( thisform. text19. value − thisform. text5. value )
    thisform. text12. readonly = . t.
    thisform. text13. readonly = . t.
    thisform. text14. readonly = . t.
    thisform. text10. readonly = . t.
```

146

thisform. text8. readonly = . t.

thisform. text9. readonly = . t.

thisform. text19. readonly = . t.

thisform. text5. readonly = . t.

thisform. text6. readonly = . t.

thisform. text24. readonly = . t.

thisform. text23. readonly = . t.

thisform. text22. readonly = . t.

thisform. text21. readonly = . t.

10.3.5　报表

主要做了资产负债表和利润表，如图 10-8、图 10-9 所示。

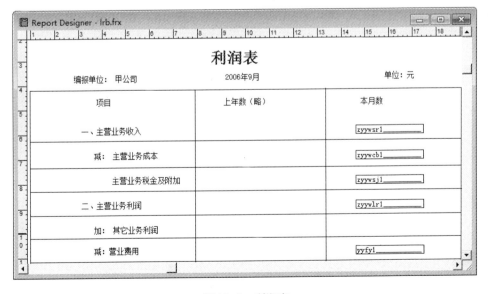

图 10-8　资产负债表

图 10-9　利润表

第 11 章　销售管理系统

11.1　系统概要说明

本销售管理系统旨在协助没有资金购买专业销售端设备的微型企业进行日常的销售管理流程。本程序内置了简单计费和一般计费模式。简单计费模式适用于注重结账效率的小卖部型结构;一般计费模式则综合了结账、记账和销售分析等功能。同时,本程序含有管理端,可以让员工及管理员查看、修改相应的信息。

11.2　系 统 功 能

系统总体框架如图 11-1 所示,主要包含以下功能:

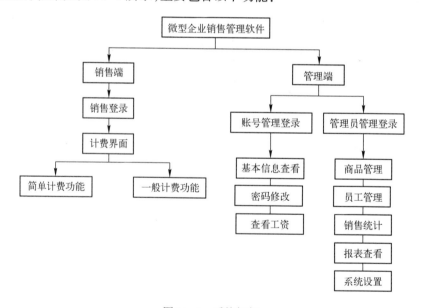

图 11-1　系统框架

1. 销售模块

销售端包括登录和计费两个功能。

其中,计费功能包括简单计费和一般计费功能。

2. 管理模块

(1)账号管理:包括基本信息查看、修改密码和工资浏览等功能。

（2）管理员管理：包括商品管理、员工管理、销售统计、系统设置等功能。

11.3 数据库表设计

数据库（MY）中一共包括 12 张数据库表，分别为：

1. 销售额记录表

销售额记录表主要包含销售信息，如表 11-1 所示。

表 11-1 销售额记录表（Axse）

字 段 名	解 释	字 段 类 型	字 段 宽 度	小 数 位 数
Xssj	销售时间	日期时间型	8	
Je	金额	数值型	10	2
yggh	员工工号	字符型	10	

2. 商品信息表

商品信息表主要包含商品相关信息，如表 11-2 所示。

表 11-2 商品信息表（Bxs）

字 段 名	解 释	字 段 类 型	字 段 宽 度	小 数 位 数
Spdm	商品代码	字符型	10	
Spmc	商品名称	字符型	50	
Spjj	商品进价	数值型	10	2
Spsj	商品售价	数值型	10	2
Spkc	商品库存	数值型	10	0
Spxsl	商品销售量	数值型	10	0
Gys	供应商	字符型	100	
splx	商品类型	字符型	20	

3. VIP 卡信息表

VIP 卡信息表主要包含 VIP 卡信息，如表 11-3 所示。

表 11-3 VIP 卡信息表（Bvip）

字 段 名	解 释	字 段 类 型	字 段 宽 度	小 数 位 数
Je	金额	数值型	10	
kh	卡号	字符型	10	2

4. 会员信息表

会员信息表主要包含会员相关信息，如表 11-4 所示。

5. 员工信息表

员工信息表主要包含员工基本信息，如表 11-5 所示。

6. 员工报到表

员工报到表主要记录员工在岗信息，如表 11-6 所示。

表 11-4　会员信息表(hy)

字　段　名	解　释	字段类型	字段宽度	小数位数
Hydm	会员代码	字符型	10	
Hyxm	会员姓名	字符型	10	
Lxfs	联系方式	字符型	11	
Jtzz	家庭住址	字符型	100	
zjf	总积分	数值型	10	
Zk	折扣	数值型	4	2
xzjf	现在积分	数值型	10	

表 11-5　员工信息表(yg)

字　段　名	解　释	字段类型	字段宽度	小数位数
Gh	工号	字符型	10	
Xm	姓名	字符型	10	
Xb	性别	逻辑型	1	
Qx	权限	数值型	1	
mm	密码	字符型	6	
gz	工资	数值型	10	2
jj	奖金	数值型	10	2
zw	职位	字符型	20	
Xq1-7	上班否	逻辑型	1	

表 11-6　员工报到表(ygbd)

字　段　名	解　释	字段类型	字段宽度	小数位数
Dlsj	登录时间	日期时间型	8	
Gh	工号	字符型	10	
Sbsj	上班时间	日期时间型	8	
lksj	离开时间	日期时间型	8	

7. 一般销售临时表

一般销售临时表主要包含临时销售信息,如表 11-7 所示。

表 11-7　一般销售临时表(Bxstemp)

字　段　名	解　释	字段类型	字段宽度	小数位数
Spmc	商品名称	字符型	20	
Spsj	商品售价	数值型	10	2
Spsl	商品数量	数值型	10	0
Spjg	商品价格	数值型	10	2

8. 汇总表

汇总表主要记录本系统中的表的相关信息,如 11-8 所示。

表 11-8　汇总表（tables）

字　段　名	解　　释	字　段　类　型	字　段　宽　度	小　数　位　数
bdm	表代码	字符	10	
bmc	表名称	字符	10	
blj	表路径	字符	254	

9. 系统设置表

系统设置表主要包含系统设置信息，如表 11-9 所示。

表 11-9　系统设置表（xtsz）

字　段　名	解　　释	字　段　类　型	字　段　宽　度	小　数　位　数
szdh	设置代号	数值型	1	
ms	模式	数值型	1	
skin	皮肤配色	数值型	3	
zt	字体	字符型	30	

10. 管理工作查看表

管理工作查看表主要包含一周的管理工作安排，如表 11-10 所示。

表 11-10　管理工作查看表（ygwork）

字　段　名	解　　释	字　段　类　型	字　段　宽　度	小　数　位　数
Xq1	星期一	字符型	10	
Xq2	星期二	字符型	10	
Xq3	星期三	字符型	10	
Xq4	星期四	字符型	10	
Xq5	星期五	字符型	10	
Xq6	星期六	字符型	10	
Xq7	星期天	字符型	10	

11. 账号工作查看

账号工作查看表是一个临时表，与管理工作查看表的结构相同，表名为 Ygtempwork。

12. 皮肤配色方案表

皮肤配色方案表主要包含皮肤配色方案信息，如表 11-11 所示。

表 11-11　皮肤配色方案表（skincp）

字　段　名	解　　释	字　段　类　型	字　段　宽　度	小　数　位　数
skin	配色	数值型	4	
a1	颜色值	数值型	3	
a2	颜色值	数值型	3	
a3	颜色值	数值型	3	
b1	颜色值	数值型	3	
b2	颜色值	数值型	3	
b3	颜色值	数值型	3	

字 段 名	解　释	字段类型	字段宽度	小 数 位 数
c1	颜色值	数值型	3	
c2	颜色值	数值型	3	
c3	颜色值	数值型	3	
d1	颜色值	数值型	3	
d2	颜色值	数值型	3	
d3	颜色值	数值型	3	

11.4　程序设计与分析

11.4.1　环境设置

1. 全局变量设置

本系统的全局变量设置如表 11-12 所示。

表 11-12　全局变量设置

变 量 名	解　释	变 量 名	解　释
npath	启动程序路径	modevar	系统设置模式(1:简单,2:一般)
ppath	皮肤路径	fontvar	字体
opervar	操作员代号	xmvar	操作员姓名
triedvar	密码尝试变量	dltime	登录时间
hydmvar	会员代码	hyzkvar	会员折扣
payvar	总价	paidvar	已付款
flagvar	paytype 判定	menukey2	管理模式
menukey1	计费模式	menukey2	管理模式
cpa1,2,3	loading 浅配色	cpb1,2,3	loading 深配色
cpc1,2,3	page 配色	cpd1,2,3	page 标题配色

2. 主程序

主程序包括全局变量设置、系统目录设置、系统环境设置、菜单设置等。

（1）系统目录设置

主要代码如下所述：

cCurrentProcedure = SYS(16,1)

nPathStart = AT(" : " , cCurrentProcedure) -1

nLenOfPath = RAT(" \ " , cCurrentProcedure) $-$ (nPathStart)

npath = SUBSTR(cCurrentProcedure, nPathStart, nLenOfPath)

为了以后运行表单,数据表、报表的地址定位,必须先确定本程序所在的路径。

（2）系统环境设置

Set DEFAULT TO（npath）

Set STRICTDATE TO 0

```
Set EXACT ON
Set DELETED ON
Set COLLATE TO "MACHINE"
Set EXCLUSIVE OFF
……
Open DATABASE ( npath + ' \db\my. dbc ' )
Set DATABASE TO npath + ' \db\my. dbc '
```

以上是比较重要的参数设置和定位默认的数据库。此外,在这部分还从 xtsz. dbf 中读取了用户对系统的设置。

11. 4. 2　开始表单

从 Main 主程序运行,会进入 Loading 界面,如图 11-2 所示。

图 11-2　开始表单

所有表单的 Init 事件中都含有界面设置代码,例如:

表单背景设置:

thisform. picture = ppath + ' \630 - 450. jpg '

标签、列表框、组合框、表格等的字体设置:

thisform. label1. fontname = fontvar

线条、页面框的颜色设置:

thisform. line1. bordercolor = RGB(cpa1 , cpa2 , cpa3)

按钮的设置:

thisform. command1. picture = ppath + ' \loading - start. jpg '

此 loading 表单有两个 Timer 和一个 Command 按钮。

thisform. timer1. enabled = . t.

thisform. timer2. enabled = . t.

thisform. command1. visible = . f.

Timer1 ,使进度条刷新,代码为:

if thisform. line2. width < 247 then

　　thisform. line2. width = thisform. line2. width + 13

else

    thisform. line2. width = 251

endif

thisform. refresh

Timer2 的目的是使 Command 按钮出现：

thisform. timer1. enabled = . f.

thisform. timer2. enabled = . f.

thisform. command1. visible = . t.

11. 4. 3　登录表单

单击图 11-2 中的"开始"按钮后，出现图 11-3 所示界面。

图 11-3　登录表单

单击"销售登录"进入销售登录界面，单击"管理登录"则进入账号管理和管理员登录的选择界面。

11. 4. 4　销售登录

单击图 11-3 的"销售登录"将进入如图 11-4 所示的登录表单。

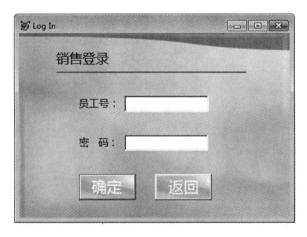

图 11-4　销售登录表单

该表单的实现方式与 1.4.3 节类似,这里不再赘述。

输入正确的员工号和密码,将进入不同的计费模式(图 11-5)。

图 11-5 计费模式表单

该表单有 3 个 Timer。进入该表单时,菜单的计费项会被激活。可以在简单计费模式和一般计费模式间切换。

此表单运行后不可关闭,不可移动,处于最底层。待下班时直接退出程序。

该表单的 Init 事件代码为:

```
**************环境设置**************
thisform. picture = ppath +'\430 - 290. jpg'
thisform. label1. fontname = fontvar    &&"现在为"
thisform. label2. fontname = fontvar    &&"模式"
thisform. label3. fontname = fontvar    &&"工号"
thisform. label4. fontname = fontvar    &&"一般计费"对应的标签
thisform. label5. fontname = fontvar    &&"0002"
thisform. label6. fontname = fontvar    &&"姓名"
thisform. label7. fontname = fontvar    &&"李四"
thisform. label8. fontname = fontvar    &&"登录时间"
thisform. label9. fontname = fontvar    && 登录具体时间所对应的标签
thisform. label10. fontname = fontvar    &&"现在时间"
thisform. label11. fontname = fontvar    && 现在具体时间所对应的标签


*计费模式判断
if modevar = 1 then
    thisform. label4. caption ='简单计费'
else
    thisform. label4. caption ='一般计费'
endif
thisform. label5. caption = opervar
thisform. label7. caption = xmvar
thisform. label9. caption = ttoc( dltime)
thisform. label11. caption = ttoc( dltime)
menukey1 = . f.
```

计时器中，Timer1 用来刷新现在时间。Timer2 每 15 分钟更新 ygbd. dbf 的上班时间，主要代码为：

update ygbd set sbsj = sbsj + 0. 25 where dlsj = dltime

update ygbd set lksj = datetime( ) where dlsj = dltime

Timer3 自动打开计费模式，简单 modevar 为 1、一般 modevar 为 2：

```
thisform. timer3. enabled = . f.
if modevar = 1 then
    do form npath +' \sc\ajisuan'
else
    do form npath +' \sc\hylogin'
endif
```

1. 简单计费模式

简单计费模式表单界面如图 11-6 所示。

图 11-6　简单计费模式表单

简单计费类似于使用计算器，支持加法和乘法。和普通计算器不同的是，它支持算式的计算。

在等于 COMMAND 的 CLICK 事件中有代码：

（1）num( )存放数字，cha( )存放运算符，最多支持 30 个数字。

dime num(30) , cha(29)

nstr = trim(thisform. t2. caption)　　&& 界面最下方的长标签

flag = . t.

（2）检验算式功能，可以检验算式的正确性。

* 在 * / + 前出现一个以上小数点

* 小数点分开（报错）

* 小数点连续（询问保留一个）

* 符号连续出现（报错）

＊ 符号前后无数字(询问去除)

(3)当确定算式正确后,开始计算,代码如下:

```
if flag then
  ＊加上结尾符
  nstr = nstr +'##
  n = 1
  i = 1

  ＊取出数字和符号
  num(1) = val(nstr)
  do while subs(nstr,1,1) < >'#
    ch = subs(nstr,1,1)
    do while ch < >' +'and ch < >' *'and ch < >'#
      nstr = subs(nstr,2,len(nstr) - 1)
      ch = subs(nstr,1,1)
    enddo
    cha(n) = ch
    nstr = subs(nstr,2,len(nstr) - 1)
    n = n + 1
    num(n) = val(nstr)
  enddo

  ＊计算所有乘法
  n = n - 1
  m = 0
  for i = n - 1 to 1 step  - 1
    if cha(i) = " * " then
      m = m + 1
      num(i) = num(i) * num(i + 1)
      for j = i + 1 to n - m
        num(j) = num(j + 1)
      endfor
    endif
  endfor

  ＊计算加法
  s = 0. 00
  for i = 1 to n - m
    s = s + num(i)
  endfor

  thisform. t1. caption = str(s,8,2)    &&"共计"下方的标签
```

thisform. t3. caption = thisform. t2. caption &&t3 为界面下端第一个长标签

thisform. t2. caption = str(s,8,2)

endif

在确定 Command 的 Click 事件中有代码:

*记录当前时间,营业额,工号

insert into axse(xssj,je,yggh) values(datetime(),val(thisform. t1. caption),opervar)

2. 一般计费模式

在进入一般计费之前,会询问是否要以会员登录,如图 11-7 所示。

图 11-7　会员登录表单

会员登录支持以会员代码(卡号)和联系方式两种方式登录,以防出现客户忘记带卡而不能享受折扣的情况。如果没有会员卡,可以返回,或以 0000 号登录,不享受折扣。

一般计费模式相当于一般超市的收银流程。由于没有输入条码的硬件设施,所以现在还需手动输入。但是,本程序支持输入的同时查找功能,以确保输入的正确(例如:输入一个零,下面就会出现库存中所有以零开头的商品供选择),如图 11-8 所示。

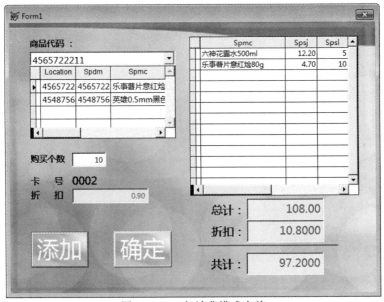

图 11-8　一般计费模式表单

158

其中,Combo1 的 Keypress 事件代码为:

```
#DEFINE DELKEY 127
LPARAMETERS nKeyCode,nShiftAltCtrl
local cDisplayValue,w2

if nKeyCode = DELKEY
    cDisplayValue = alltrim(this.DisplayValue)
    if len(m.cDisplayValue) = 1
        cDisplayValue = " "
    else
        cDisplayValue = left(cDisplayValue,len(cDisplayValue) - 1)
    endif
else
    cDisplayValue = alltrim(this.DisplayValue) + chr(nKeyCode)
endif

thisform.LockScreen = .T.
do case
    case empty(m.cDisplayValue)
        thisform.grid2.recordsource = " "    &&Grid2:界面左侧表格
    case this.value = "(All)"
        select spdm as location,spdm,spmc from bxs;
            into cursor Custs
        thisform.grid2.recordsource = "Custs"
    otherwise
        w2 = len(m.cDisplayValue)
        select spdm as location,spdm,spmc from bxs ;
            where left(upper(alltrim(bxs.spdm)),w2) = upper(m.cDisplayValue) ;
            into cursor Custs
        thisform.grid2.recordsource = "Custs"
endcase
thisform.ResetCombos(this)
thisform.LockScreen = .F.
```

Grid1(界面右侧表格)的 Recordsource 属性设置为 Fx = npath +'\db\bxstemp'。

在"添加"按钮中包含下列代码:

(1) 更新 Grid1 中的数据

```
nspdm = trim(thisform.combo1.value)
nspsl = thisform.text2.value
dime tmp1(1,2)
select spmc,spsj from bxs where spdm = nspdm into array tmp1
insert into bxstemp values(tmp1(1,1),tmp1(1,2),nspsl,nspsl * tmp1(1,2))
release tmp1
```

（2）更新总计价格

```
dime tmp2(1,1)
select sum(spjg) from bxstemp into array tmp2
nzj = tmp2(1,1)
release tmp2
thisform. text3. value = nzj    && 总计
thisform. text4. value = nzj * (1 - thisform. text5. value)    && 折扣。Text5：折扣率，例如0.9
thisform. text6. value = thisform. text3. value - thisform. text4. value    && 共计
thisform. refresh
```

单击图11-8的"确定"按钮后，将询问付费方式。

3. 付费方式

付费方式表单如图11-9所示。

图 11-9　付费方式表单

目前支持现金、代购券和 VIP 卡三种付费方式。客户可以使用多种方式付费，直至将金额付完。在将所有金额付完后，单击"确定"按钮，会有：①输出 bxstemp（一般销售临时表）；②修改 bxs 的库存、销售量；③修改 hy 的总积分、现在积分；④营业额记录在 axse. dbf 中；⑤清空 bxstemp，返回 HYlogin。

主要代码如下所述：

```
* 消费多少增加一个积分
jfrate = 20
if flagvar then
   *（1）输出 bxstemp
   report form npath +'\fr\bxstempout' preview
   close tables all
   *（2）修改 bxs 的库存、销售量
   select spmc,spxsl from bxstemp into array temp3
   n3 = reccount( )

   for i = 1 to n3
      update bxs;
```

```
            set spkc = spkc - temp3(i,2),spxsl = spxsl + temp3(i,2);
            where alltrim(spmc) = alltrim(temp3(i,1))
      endfor
      release temp3


      *(3) 修改 hy 的总积分、现在积分
      sele hy
      locate for alltrim(hydm) = hydmvar
      if found( ) then
          nzjf = zjf + payvar/jfrate
          nxzjf = xzjf + payvar/jfrate
      endif
      update hy set zjf = nzjf,xzjf = nxzjf where alltrim(hydm) = hydmvar


      *(4) 营业额记录在 axse. dbf
      insert into axse(xssj,je,yggh) values(datetime( ),payvar,opervar)


      *(5) 清空 bxstemp,返回 HYlogin
      close tables all
      set exclusive on
      use bxstemp
      set safety off
      zap
      set safety on
      use
      set exclusive off
      do form npath +'\sc\hylogin'
      thisform. release
else
      *选择付费方式
      do case
          case thisform. opg1. value = 1
              do form npath +'\sc\bpaycash'
              thisform. release
          case thisform. opg1. value = 2
          case thisform. opg1. value = 3
              do form npath +'\sc\bpayticket'
              thisform. release
          case thisform. opg1. value = 4
              do form npath +'\sc\bpayvip'
              thisform. release
      endcase
endif
```

现金付费、购物券付费和VIP卡付费的界面如图11-10所示。该图展示了使用三种方式共同完成一次付款的过程。

（a）现金付费

（b）购物券付费

（c）VIP卡付费

图11-10　不同付费方式

11.4.5　管理登录

管理登录包括两部分：账号管理和管理员登录。

1. 账号管理

实现账号管理首先要进行账号登录，如图11-11所示。

此表单内容与销售登录类似，不再赘述。

登录之后，即可查看该账号的基本信息，如图11-12所示。

图11-11　账号管理登录表单

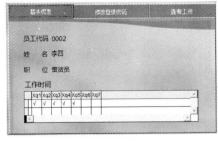

（a）基本信息查看

（b）工资查看

图11-12　账号管理表单

账号管理中,登录的员工可以:

(1) 查看自己的基本信息和本周的工作时间。

(2) 修改自己的登录密码。

(3) 查看自己工资和奖金情况。

在 Init 事件中,制作工作时间的临时表包含如下代码:

```
close tables all
use yg
locate for gh = opervar
if found( ) then
    thisform. pf1. page1. label7. caption = opervar   && 员工代码
    thisform. pf1. page1. label6. caption = xm
    thisform. pf1. page1. label5. caption = zw   && 职位
    thisform. pf1. page3. label2. caption = alltrim( str( gz ) )   && 本周工资
    thisform. pf1. page3. label4. caption = alltrim( str( jj ) )   && 本周奖金
    nxq1 = iif( xq1 ,"√"," )
    nxq2 = iif( xq2 ,"√"," )
    nxq3 = iif( xq3 ,"√"," )
    nxq4 = iif( xq4 ,"√"," )
    nxq5 = iif( xq5 ,"√"," )
    nxq6 = iif( xq6 ,"√"," )
    nxq7 = iif( xq7 ,"√"," )
endif
use

close tables all
set exclusive on
use ygtempwork
set safety off
zap
set safety on
use
set exclusive off

insert into ygtempwork( xq1 ,xq2 ,xq3 ,xq4 ,xq5 ,xq6 ,xq7 ) ;
    values( nxq1 ,nxq2 ,nxq3 ,nxq4 ,nxq5 ,nxq6 ,nxq7 )
thisform. pf1. page1. grid1. recordsource = 'ygtempwork'
```

2. 管理员登录

以管理员身份登录系统后,可以进行如下管理工作:

(1) 商品管理

在商品管理界面中,先在 Combo 中选择商品类型,然后在 List 里会显示出相应的商品。选择商品后,右侧会出现商品的详细信息。其中,商品名称、售价和供应商可修改。

在进货中,可以输入进货量,按"确定"按钮后,会自动记录进货支出和询问是否要重置销售量记录。

单击"添加"按钮,会出现添加商品界面;"删除"按钮可以删除选中的商品。

商品管理表单界面布局如图 11-13 所示。

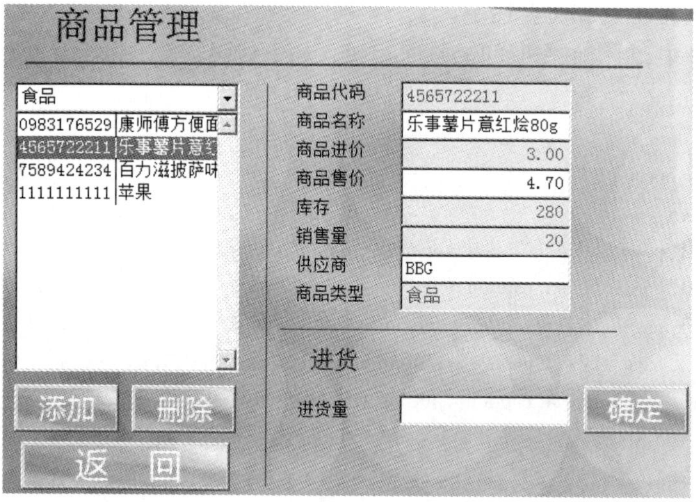

图 11-13　商品管理表单

在 COMBO 中有 INIT 事件。

*初始化商品类型 COMBO1

#DEFINE ALLCOUNTRY_LOC "(All)"

thisform. combo1. clear

thisform. combo1. additem(ALLCOUNTRY_LOC)

local asplxs,csplx

dimension asplxs[1]

select distinct splx FROM bxs into array asplxs

for each m. csplx in asplxs

　　if !empty(m. csplx)

　　　　thisform. combo1. additem(m. csplx)

　　endif

endfor

thisform. combo1. value = ALLCOUNTRY_LOC

在 LIST1 中有事件:

① DBLCLICK:

local x,x1,z

z = select( )

x = this. value

164

```
if x > 0
    x1 = alltrim(this.list(x,1))
    select bxs
    locate for alltrim(spdm) = x1
endif
select (z)
thisform.refresh
```

② REQUERY 事件:

```
nsplx = alltrim(thisform.combo1.value)

this.rowsourcetype = 0
if nsplx = '(ALL)' then
    this.rowsource = "select spdm,spmc from bxs into cursor mmanger"
else
    this.rowsource = "select spdm,spmc from bxs where alltrim(splx) = '" + nsplx + "'   into cursor
mmanger"
endif

this.rowsourcetype = 3
this.value = iif(this.listcount > 0,1,0)
this.DBLCLICK
```

所有的 TEXT 的 CONTROLSOURCE 属性为其相对应的字段。

（2）员工管理

在员工管理界面中,管理员可以在 LIST1 中选择员工,在右方显示详细信息。其中工资、奖金、职位、权限、工作时间是可以修改的。在员工综合管理中,可以查看总工资支出和总奖金支出,并查看详细记录和本周的员工工作表。

员工管理表单界面如图 11-14 所示。

（a）个人信息查看

（b）综合信息查看

图 11-14　员工管理表单

表单的 INIT 事件:

```
* 更新综合/总工资、总奖金
dimetemp(1,2)
select sum(gz),sum(jj) from yg into array temp
```

thisform. pf1. page2. text3. value = temp(1,1)   && 总工资支出

thisform. pf1. page2. text1. value = temp(1,2)   && 总奖金支出

* 创建工作表

```
close tables all
set exclusive on
use ygwork
set safety off
zap
set safety on
use
set exclusive off

select xm,xq1,xq2,xq3*,xq4,xq5,xq6,xq7 from yg into array temp
n = reccount( )

for i = 1 to n
    nxq1 = iif(temp(i,2),temp(i,1),")
    nxq2 = iif(temp(i,3),temp(i,1),")
    nxq3 = iif(temp(i,4),temp(i,1),")
    nxq4 = iif(temp(i,5),temp(i,1),")
    nxq5 = iif(temp(i,6),temp(i,1),")
    nxq6 = iif(temp(i,7),temp(i,1),")
    nxq7 = iif(temp(i,8),temp(i,1),")
    insert into ygwork(xq1,xq2,xq3,xq4,xq5,xq6,xq7);
        values(nxq1,nxq2,nxq3,nxq4,nxq5,nxq6,nxq7)
endfor

thisform. pf1. page2. grid1. recordsource ='ygwork'    && 工作表

thisform. pf1. page1. list1. rowsourcetype = 0   && 个人列表
thisform. pf1. page1. list1. rowsource = "select gh,xm from yg into cursor    mmanaper"
thisform. pf1. page1. list1. rowsourcetype = 3
```

LIST1 中的 DBLCLICK 事件与商品管理中 LIST 的事件相似,在此不再重复。

在"总工资支出"的查看 COMMAND 中有如下代码:

```
select gh as 工号,xm as 姓名,gz as 工资,zw as 职位 from yg;
    order by 4;
    into cursor tgzzc
browse
```

"总奖金支出"的查看代码类似,不再赘述。

(3)销售统计

在销售统计中,可以查看近一周、一个月、半年的销售统计和详细记录。销售统计表单界面如图 11-15 所示。

图 11-15　销售统计表单

"确定"按钮的主要代码如下:

```
dime temp1(1,1)
dime temp2(1,1)
dime temp3(1,1)


do case
case thisform. opg1. value = 1
   select sum(je) from axse;
      where xssj >= datetime() - 60 * 60 * 24 * 7 and je > 0;
      into array temp1
   select sum(gz + jj) from yg;
      into array temp2
   select sum(je) from axse;
      where xssj >= datetime() - 60 * 60 * 24 * 7 and je < 0;
      into array temp3
case thisform. opg1. value = 2
   select sum(je) from axse;
      where xssj >= datetime() - 60 * 60 * 24 * 7 * 4 and je > 0;
      into array temp1
   select sum((gz + jj) * 4) from yg;
      into array temp2
   select sum(je) from axse;
      where xssj >= datetime() - 60 * 60 * 24 * 7 * 4 and je < 0;
      into array temp3
case thisform. opg1. value = 3
   select sum(je) from axse;
      where xssj >= datetime() - 60 * 60 * 24 * 7 * 25 and je > 0;
      into array temp1
   select sum((gz + jj) * 25) from yg;
      into array temp2
   select sum(je) from axse;
      where xssj >= datetime() - 60 * 60 * 24 * 7 * 25 and je < 0;
```

```
            into array temp3
endcase
```

thisform. text1. value = temp1(1,1)

thisform. text2. value = temp2(1,1) - temp3(1,1)

thisform. text3. value = temp1(1,1) - temp2(1,1) + temp3(1,1)

在总支出的"查看"COMMAND 中有代码：

```
do case
    case thisform. opg1. value = 1
        select gh as 工号,xm as 员工姓名,gz as 周工资,jj as 周奖金,gz * 1 as 已发工资,jj * 1 as 已发
奖金;
            from yg;
            into cursor week1
        browse
    case thisform. opg1. value = 2
        select gh as 工号,xm as 员工姓名,gz as 周工资,jj as 周奖金,gz * 4 as 已发工资,jj * 4 as 已发
奖金;
            from yg;
            into cursor mon1
        browse
    case thisform. opg1. value = 3
        select gh as 工号,xm as 员工姓名,gz as 周工资,jj as 周奖金,gz * 25 as 已发工资,jj * 25 as 已
发奖金;
            from yg;
            into cursor year1
        browse
endcase
```

总销售额的"查看"代码类似，这里不再赘述。

（4）系统设置

在系统设置中可以

① 选择默认的模式。

② 选择界面皮肤，目前支持蓝色和绿色两种。

③ 选择字体，目前支持微软雅黑，宋体和黑体。

默认设置为一般模式，蓝色，微软雅黑。系统设置表单界面如图 11-16 所示。

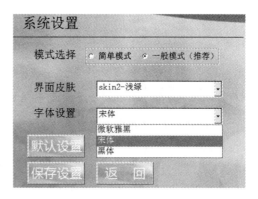

图 11-16　系统设置表单

168

第三部分

第 12 章　游戏程序

第12章 游戏程序

12.1 猜数字游戏

1. 系统说明

猜数字游戏是一款经典的脑力游戏,以其简单的游戏规则和一定的思维强度广受大众的欢迎。本程序设置了一款分级的猜数游戏,操纵简单易懂。

该游戏共分为三个等级:初级、中级与高级。三种等级规则相同,下面以高级为例说明。系统随机产生 4 个不重复的个位数,由玩家来猜。玩家通过按钮输入 4 个不重复的数字,按"确定"后计算机给出提示,"数位皆对"即输入的数字中数字与其位置均符合答案的个数,"数对位错"即输入的数字中数字符合但其位置错误的个数,如计算机的随机数为"8321",玩家输入的数为"3820"则系统提示"数位皆对"的个数为 1,表示所猜中有 1 个与被猜数位置和值均相同("2"),而有"数对位错"的数值为 2,表示与被猜数的值相同但位置不同的有 2 个("3","8")。若玩家能根据提示在 8 次以内猜出系统给出的 4 位随机数,则赢得胜利,否则失败。中级系统产生 3 个不重复的个位数,初级系统则产生 2 个不重复的个位数。系统功能模块如图 12-1 所示。

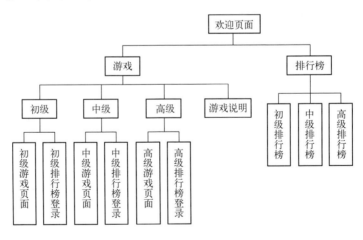

图 12-1 系统功能模块图

在设计上,项目通过创建数组,存放要猜的 4 个无重复的个位数,将玩家输入的值逐个地与随机数组里的值比较。若值相等并且位置相等,则对应 A 值(数位皆对)增 1,若不在同一位置但值相等,则 B 值(数对位错)增 1。最后判断玩家已经完成的猜测次数,输出相应的信息。

2. 主菜单

设置一个顶层菜单在各游戏页面以便玩家进行页面转换，如图 12-2 所示。

3. 欢迎页面

欢迎页面如图 12-3 所示。

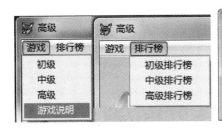

图 12-2　主菜单

图 12-3　欢迎页面

欢迎页面包括开始游戏、游戏说明及退出 3 个基本按钮。

在 Form1 的 Init 事件中定义全局变量：

Public i

i = 0

4. 初级游戏页面

单击欢迎页面的"开始游戏"后，首先出现的是初级游戏页面，如图 12-4 所示。

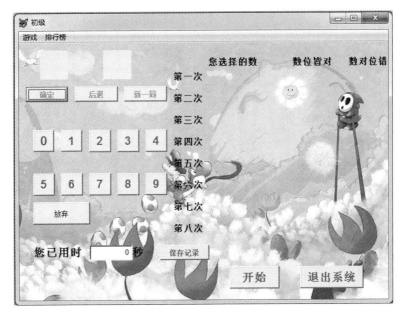

图 12-4　初级游戏页面

（1）"开始"按钮

在"开始"按钮未单击之前，各数字按钮均不可用（均为灰色），计时器（隐藏）也是从单击"开始"按钮后才启动，这样的设置以便玩家能更好地进入游戏状态。

"开始"按钮的 click 事件代码为：

thisform. timer1. interval = 1000

171

```
thisform. command4. enabled = . t.    && 数字"0"

thisform. command5. enabled = . t.    && 数字"1"

thisform. command6. enabled = . t.    && 数字"2"

thisform. command7. enabled = . t.    && 数字"3"

thisform. command8. enabled = . t.    && 数字"5"

thisform. command9. enabled = . t.    && 数字"6"

thisform. command10. enabled = . t.    && 数字"7"

thisform. command11. enabled = . t.    && 数字"8"

thisform. command12. enabled = . t.    && 数字"9"

thisform. command13. enabled = . t.    && 数字"4"
```

（2）计时器 timer1

计时器 Timer1 的 Timer 事件代码为：

```
thisform. text2. value = thisform. text2. value + 1    && 用时 text2 秒
```

Timer1 的 Init 事件代码为：

```
public pos,f[10],tim,ff[10],result    && 定义数组

result = 0

pos = 0

tim = 0

thisform. label14. init    && 第一个数字框

thisform. label16. init    &&"第一次""您选择的数":第一个数(共 2 个)

private i

i = 1

do while i < = 10

  ff[i] = 0

  i = i + 1

enddo

i = 1

public res[2],gus[2]

do while i < = 2

  res[i] = int(rand() * 10)    && 产生 0 ~ 10 随机数

  if ff[res[i] + 1] = 0

    ff[res[i] + 1] = 1

    i = i + 1

  endif

enddo
```

（3）数字按钮

表单中共设置了 10 个数字按钮，单击数字按钮数字会出现在上方两个标签中，如图 12-5 所示。

以数字"2"按钮为例，其 Click 代码为：

```
if f[3] = 0

  do case
```

图 12-5　数字按钮

```
        case pos = 0
           thisform. label14. caption = '2'
        case pos = 1
           thisform. label15. caption = '2'    && 第二个数
     endcase
     if pos < 2
        pos = pos + 1
     endif
     gus[pos] = 2
     f[3] = 1
endif
```

其他数字按钮的 click 事件以此类推。

（4）"确定"按钮

Click 事件代码为：

```
if pos = 2
   private i,A,B
   A = 0
   B = 0
   i = 1
   do while i < = 2
      if res[i] = gus[i]
         A = A + 1
      endif
      i = i + 1
   enddo
   i = 1
   do while i < = 10
      if ff[i] = 1
         if f[i] = 1   && 表示 res[] 和 gus[] 中都有 i 这个数,位置正确或不正确
            B = B + 1
         endif
      endif
      i = i + 1
   enddo
   B = B - A
   if A = 2
      thisform. timer1. enabled = . f.
      thisform. command16. enabled = . t.    && "保存记录"
      wait window at 16,25 "Oh yeah! 赢了! 乘胜追击!"
   else
      tim = tim + 1
      do case
```

```
        case tim = 1    && 第一次
            thisform. label16. caption = thisform. label14. caption
            thisform. label17. caption = thisform. label15. caption    &&label17:"您选择的数"第二个数
        case tim = 2    && 第二次
            thisform. label18. caption = thisform. label14. caption    &&label18:"您选择的数"第一个数
            thisform. label19. caption = thisform. label15. caption    &&label19:第二个数
        case tim = 3    && 第三次
            thisform. label20. caption = thisform. label14. caption    &&label20:第一个数
            thisform. label21. caption = thisform. label15. caption    &&label21:第二个数
        case tim = 4
            thisform. label22. caption = thisform. label14. caption
            thisform. label23. caption = thisform. label15. caption
        case tim = 5
            thisform. label24. caption = thisform. label14. caption
            thisform. label25. caption = thisform. label15. caption
        case tim = 6
            thisform. label26. caption = thisform. label14. caption
            thisform. label27. caption = thisform. label15. caption
        case tim = 7
            thisform. label28. caption = thisform. label14. caption
            thisform. label29. caption = thisform. label15. caption
        case tim = 8
            thisform. label30. caption = thisform. label14. caption
            thisform. label31. caption = thisform. label15. caption
    endcase
    private a,b
    do case
      case A = 0
        a ='0'
      case A = 1
        a ='1'
      case A = 2
        a ='2'
    endcase
    do case
      case B = 0
        b ='0'
      case B = 1
        b ='1'
      case B = 2
        b ='2'
    endcase
    do case
```

```
        case tim = 1    && 第一次
            thisform. label32. caption = a    &&"数位皆对"标签
            thisform. label40. caption = b    &&"数对位错"标签
        case tim = 2    && 第二次
            thisform. label33. caption = a    &&"数位皆对"标签
            thisform. label41. caption = b    &&"数对位错"标签
        case tim = 3
            thisform. label34. caption = a
            thisform. label42. caption = b
        case tim = 4
            thisform. label35. caption = a
            thisform. label43. caption = b
        case tim = 5
            thisform. label36. caption = a
            thisform. label44. caption = b
        case tim = 6
            thisform. label37. caption = a
            thisform. label45. caption = b
        case tim = 7
            thisform. label38. caption = a
            thisform. label46. caption = b
        case tim = 8
            thisform. label39. caption = a
            thisform. label47. caption = b
            thisform. text3. value = (res[1] * 10) + res[2]
            thisform. text3. visible = . t.
            ny = messagebox('已经没有机会了！再来一次?! ',4 + 32 + 0,'失败了')
            if ny = 6
                thisform. command3. click()    &&"新一局"
            else
                thisform. release
            endif
    endcase
    pos = 0
  endif
  thisform. label14. init
endif
```

游戏过程如图 12-6 所示。

（5）"后退"按钮

"后退"按钮主要是针对玩家错按或修改已选数字所设置的命令按钮,单击按钮后,系统会删除最近一次所选的数字。

Click 事件处理代码如下:

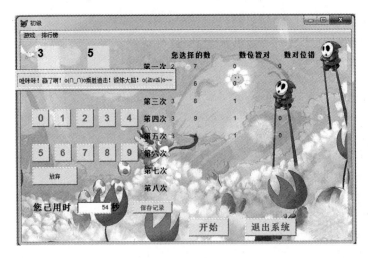

图 12-6　游戏过程

```
private i
if pos > 0
    do case
        case pos = 1
            i = thisform. label14. caption
            thisform. label14. caption ="
        case pos = 2
            i = thisform. label15. caption
            thisform. label15. caption ="
    endcase
    pos = pos − 1
    do case
        case i ='0'
            f[1] = 0
        case i ='1'
            f[2] = 0
        case i ='2'
            f[3] = 0
        case i ='3'
            f[4] = 0
        case i ='4'
            f[5] = 0
        case i ='5'
            f[6] = 0
        case i ='6'
            f[7] = 0
        case i ='7'
            f[8] = 0
```

```
            case i = '8'
                f[9] = 0
            case i = '9'
                f[10] = 0
        endcase
    else
        wait window at 16,25 "还没有选数字呢! 还不快选!"
    endif
```

（6）"新一局"按钮

通过单击这个按钮,玩家可随时进入新一轮游戏。

Click 事件代码为:

```
thisform. timer1. enabled = . t.
thisform. text2. value = 0
thisform. text3. visible = . f.
thisform. timer1. init
```

（7）"保存记录"按钮

"保存记录"按钮是将玩家成绩记录于排行榜的一个命令按钮,单击该按钮后即可到排行榜的登录页面,但并不是所有成绩都可以进行记录,对于初级而言,只有所用时间小于 20 秒,玩家的成绩才可以保存,否则系统会给出提示信息。

Click 事件代码为:

```
if thisform. text2. value < 20
    do form 初级排行榜登录
else thisform. command17. enabled = . f.    && 放弃
    wait window at 25,30 ("还不够快哦,继续努力!")
endif
```

5. 中级和高级游戏页面

中级和高级游戏难度更高。以高级游戏为例,它的界面如图 12-7 所示。

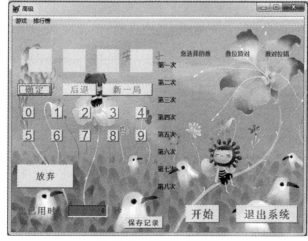

图 12-7　高级游戏界面

177

中级和高级游戏页面与初级游戏页面大多相似,不同主要表现在标签个数的增多,如显示所输数字的标签及系统提示中"您选择的数"一栏的标签,所以与此相应的各命令按钮的 click 代码及标签的 init 事件代码都有所改变,但模式皆与初级游戏页面中相同。

12.2　GRE 高频单词英汉查询系统

1. 系统说明

GRE 英语是英语学习者考察自己英语实力的顶尖级考试,也是很多出国留学者试图挑战的高难度考试。词汇是英语学习的基础,GRE 词汇与时俱进的意义大多不同于以往英语学习者的理解。

本系统是为英语学习者尤其是 GRE 应考者而设计的高频词汇简易查询系统。GRE 词汇中有很多的词汇意思不同于我们通常的理解,而本系统则采用面向对象的设计思想,录入以往 GRE 考试中的高频词汇及含义,以菜单和表单的形式进行各表单的调用。

本系统的功能模块设计如下:

(1)欢迎界面

系统首页是个欢迎界面,单击"确定"按钮即可登录,并开始使用系统。

(2)查询模块

首先是对用户输入单词的查询。用户在指定位置输入单词,单击"确认"按钮,系统自动从已有的词汇中选择,若词库中含有此单词,则系统输出相应的中文解释和单词属性,以及与本单词有关联的其他词汇,已便提供给用户更多的知识。

其次是对系统内词汇的查询。面向用户的形式,使用者可以自行选择查看系统中含有的所有单词。

(3)录入模块

这个模块对所有的用户公开,用户可以选择录入自己发现的、本系统中不含有的 GRE 高频单词,输入单词以及相应的中文和词性就可以保存在本系统的词汇库中,方便用户个人使用,更加人性化。

2. 表结构设计

本系统中主要包含一个单词表,如表 12-1 所示。

表 12-1　单词表(dc)

字　段　名	字　段　含　义	字　段　类　型	字　段　宽　度
English	英语	字符型	30
Chinese	中文	字符型	20
shuxing	属性	字符型	20
xiangguanxingshi	相关形式	字符型	100

其中,shuxing 是指词性,如名词、动词等;xiangguanxingshi 是指相关词,例如 ability 的相关词包括 able,为其形容词形式。

3. 单词查询表单

单词查询表单界面如图 12-8 所示。

"翻译"按钮的主要代码如下:

图 12-8　单词查询表单

```
set talk off
x = thisform. text1. value
use dc
set order to tag english
seek x
if found( ) then
    thisform. label3. visible = . t.
    thisform. label4. visible = . t.
    thisform. label5. visible = . t.
    thisform. command2. visible = . t.
    thisform. label3. caption = english
    thisform. label4. caption = shuxing
    thisform. label5. caption = chinese
else
    thisform. text1. value = " "
    messagebox( "本词典中无此英文",4 + 48," 英汉词典" )
endif
use
return
set talk on
```

4. 词典维护表单

词典维护表单界面如图 12-9 所示。

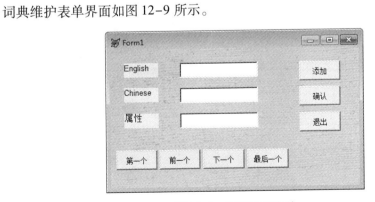

图 12-9　词典维护表单

179

词典维护表单中含有七个命令按钮、三个标签和三个文本框。可以进行单词的浏览和录入。用户必须按照顺序录入单词。

```
if empty(thisform. text1. value)
  = messagebox("英文不能为空,请重新输入 ",48 + 0 + 0,"警告!")
  thisform. text1. setfocus
else
  if empty(thisform. text2. value)
    = messagebox("中文不能为空,请重新输入 ",48 + 0 + 0,"警告!")
    thisform. text2. setfocus
  else
    if empty(thisform. text3. value)
      = messagebox("属性不能为空,请重新输入 ",48 + 0 + 0,"警告!")
      thisform. text3. setfocus
    else
      thisform. text1. enabled = . f.
      thisform. text2. enabled = . f.
      thisform. text3. enabled = . f.
      thisform. command6. enabled = . t.    && 确认
      thisform. refresh
    endif
  endif
endif
```

12.3　体育彩票程序

1. 系统说明

本体育彩票程序的主要功能是模拟体育彩票的随机开奖。用户登录体育彩票游戏程序之后,输入购买的七位体育彩票号码,单击"购买",即可登录开奖界面,系统自动在开奖界面显示用户所购买的七位体育彩票号码,单击"开奖",即可得到中奖号码,通过计算机的自动比对,在中奖界面显示该用户是否中奖。

在设计时,按照实际的要求把程序分为三个表单,分别为系统登录界面、购买界面、开奖界面。

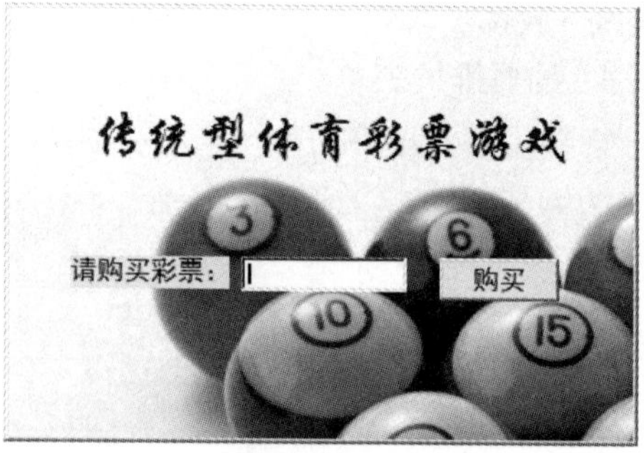

2. 购买界面

购买界面如图 12-10 所示。

"购买"按钮的 click 事件代码为:

```
u = thisform. text1. value
do form 表单 2. scx with u
thisform. release
```

图 12-10　购买表单

3. 开奖界面

开奖界面如图 12-11 所示。

图 12-11　开奖表单

"开奖"按钮的 click 事件代码是:

```
set talk off
set exact on
n = alltrim(u)
thisform. label2. visible = . f.
n1 = val(n)
thisform. text1. value = int(rand( ) * 10)
thisform. text2. value = int(rand( ) * 10)
thisform. text3. value = int(rand( ) * 10)
thisform. text4. value = int(rand( ) * 10)
thisform. text5. value = int(rand( ) * 10)
thisform. text6. value = int(rand( ) * 10)
thisform. text7. value = int(rand( ) * 10)
m = allt( str( thisform. text1. value) ) + allt( str( thisform. text2. value) ) ;
    + allt( str( thisform. text3. value) ) + allt( str( thisform. text4. value) ) ;
    + allt( str( thisform. text5. value) ) + allt( str( thisform. text6. value) ) ;
    + allt( str( thisform. text7. value) )
m1 = val(m)
thisform. label2. visible = . t.
do case
    case n1 = m1
        thisform. label2. caption ='恭喜你中了特等奖'
    case subs(m,1,6) = subs(n,1,6)
        thisform. label2. caption ='恭喜你中了一等奖'
    case subs(m,1,5) = subs(n,1,5)
        thisform. label2. caption ='恭喜你中了二等奖'
    case subs(m,1,4) = subs(n,1,4)
        thisform. label2. caption ='恭喜你中了三等奖'
    case subs(m,1,3) = subs(n,1,3)
```

181

```
    thisform. label2. caption ='恭喜你中了四等奖'
case subs(m,1,2) = subs(n,1,2)
    thisform. label2. caption ='恭喜你中了五等奖'
case subs(m,1,1) = subs(n,1,1)
    thisform. label2. caption ='恭喜你中了末等奖'
otherwise
    thisform. label2. caption ='谢谢你对社会福利的支持'
endcase
```

12.4　游 戏 乐 园

1. 系统说明

本游戏乐园程序旨在娱乐,放松人们心情,缓解工作学习压力。

系统功能模块图如图12-12所示。

2. 数据库表设计

本数据库中主要包含测试表,如表12-2所示。

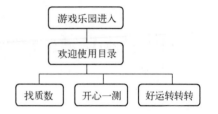

图12-12　系统功能模块

表12-2　测试表

字　段　名	字 段 含 义	字 段 类 型	字 段 宽 度
Id	题号	整型	4
content	题目	字符型	140
ca	选项A	字符型	50
cb	选项B	字符型	50
cc	选项C	字符型	50
cd	选项D	字符型	50
answer	答案解析	字符型	254

3. 欢迎界面

欢迎界面如图12-13所示。实现方法与1.4.3节类似,这里不再赘述。

图12-13　欢迎表单

4. 主菜单

从欢迎界面正确登录,就进入系统主菜单,如图12-14所示。

182

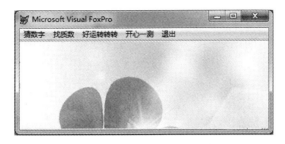

图 12-14 主菜单

5. 找质数

找质数界面如图 12-15 所示。

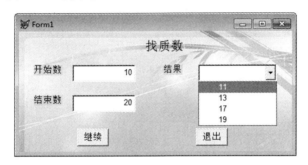

图 12-15 找质数

"确定"按钮的 click 事件代码为：

```
do case
case this. caption = " 确 定 "
  a = thisform. text1. value
  b = thisform. text2. value
  this. caption = " 继 续 "
  for i = a to b
    k = . t.
    for j = 2 to sqrt(i)
      if i% j = 0
        k = . f.
        exit
      endif
    endfor
    if k
      thisform. combo1. additem( str( i) )
    endif
  endfor
case this. caption = " 继 续 "
  this. caption = " 确 定 "
  thisform. text1. value = 0
```

```
    thisform. text2. value = 0
    thisform. combo1. clear
  endcase
```

6. 好运转转转

好运转转转界面如图 12-16 所示。

图 12-16　好运转转转

"开始"按钮的 click 事件处理代码为：

```
do case
case this. caption = " 开始"
  this. caption = " 重来"
  if thisform. text8. value < >0
    with thisform
      . timer1. enabled = . t.
      . timer2. enabled = . t.
      . timer3. enabled = . t.
      . timer4. enabled = . t.
      . timer5. enabled = . t.
      . timer6. enabled = . t.
      . timer7. enabled = . t.
    endwith
  else
    messagebox( " please enter a numble!" )
  endif
case this. caption = " 重来"
  this. caption = " 开始"
  thisform. text1. value = 1
  thisform. text2. value = 0
  thisform. text3. value = 0
  thisform. text4. value = 0
```

```
    thisform. text5. value = 0
    thisform. text6. value = 0
    thisform. text7. value = 0
    thisform. text8. value = 0
    thisform. text8. setfocus
endcase
```

"停止"按钮的 click 事件代码为:

```
with thisform
   . timer1. enabled = . f.
   . timer2. enabled = . f.
   . timer3. enabled = . f.
   . timer4. enabled = . f.
   . timer5. enabled = . f.
   . timer6. enabled = . f.
   . timer7. enabled = . f.
endwith
a = thisform. text1. value
b = thisform. text2. value
c = thisform. text3. value
d = thisform. text4. value
e = thisform. text5. value
f = thisform. text6. value
g = thisform. text7. value
if thisform. text8. value = a * 1000000 + b * 100000 + c * 10000 + d * 1000 + e * 100 + f * 10 + g
   messagebox("恭喜你中大奖了!")
else
   messagebox("你真倒霉,再给一次机会吧!",1)
endif
```

此应用中,共设置七个定时器,每一个定时器针对一个数字所在的文本框。Timer1 控制第一个数字由 1~9 变化,Timer2 到 Timer7 控制第二到第七个数字从 0~9 变化。

Timer1 的 Timer 事件代码为:

```
do case
case thisform. text1. value = 1
   thisform. text1. value = 2
case thisform. text1. value = 2
   thisform. text1. value = 3
case thisform. text1. value = 3
   thisform. text1. value = 4
case thisform. text1. value = 4
   thisform. text1. value = 5
case thisform. text1. value = 5
   thisform. text1. value = 6
```

```
case thisform. text1. value = 6
    thisform. text1. value = 7
case thisform. text1. value = 7
    thisform. text1. value = 8
case thisform. text1. value = 8
    thisform. text1. value = 9
case thisform. text1. value = 9
    thisform. text1. value = 1
endcase
```

Timer2 的 Timer 事件代码为：

```
do case
case thisform. text2. value = 0
    thisform. text2. value = 1
case thisform. text2. value = 1
    thisform. text2. value = 2
case thisform. text2. value = 2
    thisform. text2. value = 3
case thisform. text2. value = 3
    thisform. text2. value = 4
case thisform. text2. value = 4
    thisform. text2. value = 5
case thisform. text2. value = 5
    thisform. text2. value = 6
case thisform. text2. value = 6
    thisform. text2. value = 7
case thisform. text2. value = 7
    thisform. text2. value = 8
case thisform. text2. value = 8
    thisform. text2. value = 9
case thisform. text2. value = 9
    thisform. text2. value = 0
endcase
```

7. 开心一测

开心一测界面如图 12-17 所示。

"下一题" 按钮的 click 事件代码为：

```
thisform. optiongroup1. option1. value = 0
thisform. optiongroup1. option2. value = 0
thisform. optiongroup1. option3. value = 0
thisform. optiongroup1. option4. value = 0
thisform. txtanswer. visible = . f.
sele 测试表
if recn( ) < > recc( ) + 1
```

```
      skip
else
      messagebox("无题目")
      skip - 1
endif
thisform.label4.caption = alltrim(str(id))
thisform.optiongroup1.option1.caption = ca
thisform.optiongroup1.option2.caption = cb
thisform.optiongroup1.option3.caption = cc
thisform.optiongroup1.option4.caption = cd
thisform.refresh
```

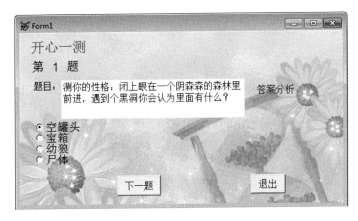

图 12-17　开心一测

8. 猜数字

猜数字游戏在 12.1 节中已经详细介绍,这里不再赘述。

第四部分

第 13 章　数学类问题求解

第 13 章　数学类问题求解

13.1　九九乘法表

编制九九乘法表。

```
x = 1
do while x <= 9
  y = 1
  do while y <= x
    s = x * y
    ?? str(y,1) + " * " + str(x,1) + " = " + str(s,2) + "   "
    y = y + 1
  enddo
?
x = x + 1
enddo
```

运行结果如图 13-1 所示。

```
1*1= 1
1*2= 2   2*2= 4
1*3= 3   2*3= 6   3*3= 9
1*4= 4   2*4= 8   3*4=12   4*4=16
1*5= 5   2*5=10   3*5=15   4*5=20   5*5=25
1*6= 6   2*6=12   3*6=18   4*6=24   5*6=30   6*6=36
1*7= 7   2*7=14   3*7=21   4*7=28   5*7=35   6*7=42   7*7=49
1*8= 8   2*8=16   3*8=24   4*8=32   5*8=40   6*8=48   7*8=56   8*8=64
1*9= 9   2*9=18   3*9=27   4*9=36   5*9=45   6*9=54   7*9=63   8*9=72   9*9=81
```

图 13-1　九九乘法表

13.2　求　阶　乘

计算 $1! + 2! + \cdots\cdots + 10!$。

```
store 0 to s1,s
for i = 1 to 10
  do sub1 with i
  s = s + s1
endfor
?s
```

```
proc sub1
para j
s1 = 1
for n = 1 to j
   s1 = s1 * n
endfor
return s1
```

13.3　水仙花问题

求 100～999 之间的水仙花数(即数本身是其各位数的立方和)。

方法一:
```
for i = 100 to 999
   x = mod(i,10)
   y = int(i/100)
   z = int((i - y * 100)/10)

   if (i = y^3 + z^3 + x^3)
      ?? str(i,3) +'   '
   endif
endfor
```

方法二:
```
for i = 1 to 9
   for j = 0 to 9
      for k = 0 to 9
         n = i * 100 + j * 10 + k
         if(i^3 + j^3 + k^3 = n)
            ?? str(n,3) +'   '
         endif
      endfor
   endfor
endfor
```

13.4　整 数 求 和

从键盘中输入 N 的值,求 1 + 2 + … + N 的和,当从键盘中输入"STOP"后终止该程序的运行。

运行界面如图 13-2 所示。
```
? 'input stop to quit! '
input " 输入 n:" to n
```

```
do while ( iif( vartype( n ) ='c' ,n,str( n ) ) ) <>'stop' )
   do while( vartype( n ) ! ='n' )
     ? " 输入整数!"
     input " 输入 n:" to n
   enddo
   s = 0
   i = 1
   do while i <= n
    s = s + i
    i = i + 1
   enddo
   ? "1 + 2 + 3 + ······ + " + alltrim( str( n ) ) + " = " ,alltrim( str( s ) )
   input " 输入 n:" to n
enddo

? 'stop computing! '
return
```

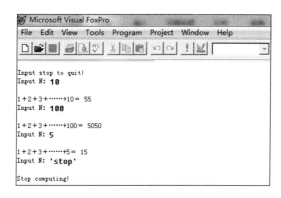

图 13-2　运行效果图

13.5　方程求解问题

求方程 $ax^2 + bx + c = 0$ 的根。

```
parameters a,b,c
if a = 0
   = messagebox( "The coefficient of A can't be zero!" ,48, "Error Message" )
   return &&Stop executing and return
endif

delta = b * b - 4 * a * c
if delta > 0
   ? "There are two unequal real roots:"
   ?? ( - b + sqrt( delta ) )/( 2 * a )
```

```
        ?? ( - b - sqrt( delta ) )/( 2 * a )
   else
      if delta = 0
         ? " There are two equal real roots: "
         ?? - b/( 2 * a )
      else
         ? " There are two complex roots: "
         real_part = - b/( 2 * a )
         img_part = sqrt( - delta )/( 2 * a )
         ? alltrim( str( real_part ) ) +' +' + alltrim( str( img_part ) ) +'i'
         ? alltrim( str( real_part ) ) +' -' + alltrim( str( img_part ) ) +'i'
      endif
endif
```

另一种方法是用 do case 语句实现,程序脉络更清晰:

```
parameters a , b , c
if a = 0
   = messagebox( " The coefficient of a can't be zero!" ,48 ," Error Message" )
   return &&Stop executing and return
endif


delta = b * b - 4 * a * c
do case
case delta > 0
   ? " There are two unequal real roots: "    && 方程有两个不等的实数根
   ?? ( - b + sqrt( delta ) )/( 2 * a )
   ?? ( - b - sqrt( delta ) )/( 2 * a )
case delta = 0
      ? " There are two equal real roots: "    && 方程有两个相等的实数根
      ?? - b/( 2 * a )
case delta < 0
      ? " There are two complex roots: "      && 方程有两个复根
      real_part = - b/( 2 * a ) && 实部
      img_part = sqrt( - delta )/( 2 * a ) && 虚部
      ? alltrim( str( real_part ) ) +' +' + alltrim( str( img_part ) ) +'i'
      ? alltrim( str( real_part ) ) +' -' + alltrim( str( img_part ) ) +'i'
endcase
```

13.6　汉字显示

编程,以图 13-3 的形式显示下列汉字。

```
c ='金字大宝塔'
n = len( c )/2
```

```
for i = 1 to n
    ? space( 60 - ( n - i ) )
    for j = 1 to n - i + 1
        ?? subs( c ,2 * i - 1 ,2 )
        = inkey( 0. 5 )
    endfor
endfor
```

金金金金金

字字字字

大大大

宝宝

塔

图 13-3　汉字显示

13. 7　斐波那契数列

求斐波那契数列中的第 n 个数。

```
input to number1
if number1 = 1 or number1 = 2
    fib = 1
else
    int1 = 1
    int2 = 1
    for intc = 3 to number1
        intresult = int1 + int2
        int1 = int2
        int2 = intresult
    next
    fib = intresult
endif
? fib
```

13. 8　分数数列求和

有一分数数列,2/1,3/2,5/3,8/5,13/8,21/13,…。编制一个有一个整型参数 n 的函数,该函数计算并返回此数列前 n 项之和。

```
input "input m:" to m
s = 0

for j = 1 to m
    s = s + fenshu( j )
endfor
? s
* 计算第 n 项的值
function fenshu
parameters n
```

193

```
x = 2
y = 1
if( n >= 2)
    for i = 1 to n - 1
x = x + y
y = x - y
    endfor
endif
return x/y
endfunc
```

13.9   数字趣味显示(1)

要求根据用户输入的数字(3~9),进行如图 13-4 所示的显示:当用户需要继续其它数字的显示时,输入"Y",即可持续进行程序的运行。

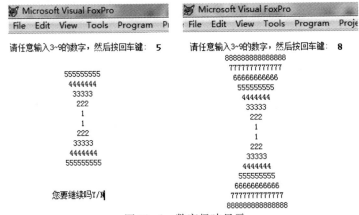

图 13-4   数字趣味显示

```
clear
set talk off
do while . t.
    clear
    do while . t.
        input space(10) + "请任意输入数字 3~9,然后按回车键:   " to s
        if s > 9 . OR. s < 3
            loop
        else
            exit
        endif
    enddo

    i = 6
    p = 60
```

194

```
    for a = s to 1 step - 1
       n = p
       for b = 1 to 2 * a - 1
          @ i, p + 1 say alltrim( str( a ) )
          p = p - 1
       next
       i = i + 1
       p = n - 1
    next
    p = p + 1

    for a = 1 to s
       n = p
       for b = 1 to 2 * a - 1
          @ i, p + 1 say alltrim( str( a ) )
          p = p + 1
       next
       i = i + 1
       p = n - 1
    next

    wait space( 20 ) + "您要继续吗 Y/N"to d
    if upper( d ) <> "Y"
       clear
       @ 10,40 say "谢谢!"
       wait " " time( 2 )
       return
    else
       loop
    endif
enddo
return
```

13. 10   数字趣味显示(2)

要求根据用户输入的数字(2~8),进行如图 13-5 所示的显示。
```
do while . t.
   clear
   input"请输入 2~8 之间的任意一个数 n: "to n
   do while n > 8 or n <= 1
      ?"输入的数字不在 2~8 之间,请重新输入"
      input"请输入 2~8 之间的任意一个数 n: "to n
   enddo
```

```
        i = 6
        p = 29
        q = 31
        @ i , p + 1 say 1 pict "9"
        for m = 2 to n
            i = i + 1
            @ i , q say m pict "9"
            @ i , p say m pict "9"
            p = p - 1
            q = q + 1
        endfor
        p = p + 2
        q = q - 2
        for m = n - 1 to 2 step - 1
            i = i + 1
            @ i , p say m pict "9"
            @ i , q say m pict "9"
            p = p + 1
            q = q - 1
        endfor
        @ i + 1 , p say 1 pict "9"
        ?

    wait space(20) + " 您要继续吗 Y/N：  " to n
    if upper(n) = " Y" . or. upper(n) <> "N"
        loop
    else
        exit
    endif
enddo
return
```

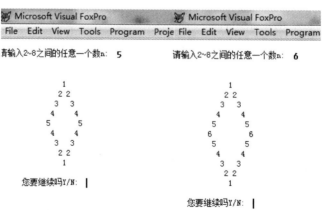

图 13-5　数字趣味显示(2)

13.11 字符串加密

将由英文字母组成的字符串加密:如果是大写字母,用原字母后面第 4 个字母代替原字母,否则用原字母后面第 2 个字母代替。例如,明文"China"的密文是"Gjkpc"。

```
m = space(0)
c ='China'
for i = 1 to len(c)
    nc = asc(substr(c,i,1))
    if nc > 64 and nc < 91
        m = m + chr(nc + 4)
    else
        m = m + chr(nc + 2)
    endif
endfor
? c +'字符加密后为:' + m
```

13.12 反   序

将由任意字符(包括汉字)组成的字符串进行反序显示。

```
store '你 ab 我 cd 们是 ef 学生'to c,cc
p = space(0)
do while len(c) > 0
    x = asc(left(c,1))
    if x > 127
        i = 2
    else
        i = 1
    endif
    p = left(c,i) + p
    c = substr(c,i + 1)
enddo
? cc + "的反序为:" + p
```

13.13 字母统计(1)

统计字符串中大、小写英文字母的个数。

```
clear
c ='Visual FoxPro'
cc = c
Nmax = 0
Nmin = 0

do while " " <> c
```

197

```
do case
    case asc(left(c,1)) > 64 and asc(left(c,1)) < 91
        Nmax = Nmax + 1
    case asc(left(c,1)) > 96 and asc(left(c,1)) < 123
        Nmin = Nmin + 1
endcase

c = substr(c,2)
enddo
? "大写字母的个数:" + str(Nmax,2) + "  小写字母的个数:" + str(Nmin,2)
```

13.14　字母统计(2)

统计从键盘上输入的字符串中各个英文字母(不区分大小写)出现的个数。

```
clear
accept "输入字符串:" to str_in    &&str_in = "12acfgAIGCbdDgF1CFAGc2"
dimension str_cnt(26)
str_cnt = 0
nLen = len(str_in)

for i = 1 to nLen
    c = substr(str_in,i,1)
    if((c >= 'A' and c <= 'Z') or (c >= 'a' and c <= 'z'))
        c = upper(c)
        nIndex = int(asc(c) - asc('A') + 1)
        str_cnt(nIndex) = str_cnt(nIndex) + 1
    endif
endfor
? str_in
for j = 1 to 26
    if str_cnt(j) != 0
        ?"字母" + chr(j + asc('A') - 1) + "的个数是:" + str(str_cnt(j),4)
    endif
endfor
```

对于字符串"12acfgAIGCbdDgF1CFAGc2",运行结果如图 13-6 所示。

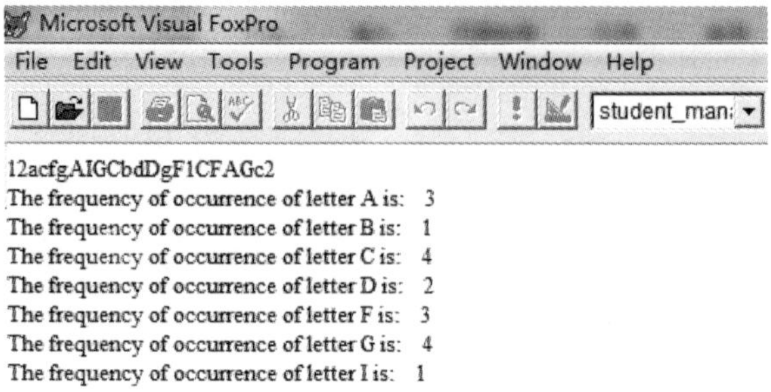

图 13-6　字母统计结果

13.15 Loop 和 Exit

通过两道题,比较这两个命令的区别。

题一:求 50～100 之间能被 7 整除的数。

```
for i = 50 to 100
    if mod(i,7) <> 0
        loop
    endif
    ?? i
endfor
return
```

题二:求 50～100 之间第一个能被 7 整除的偶数。

```
clear
for i = 50 to 100
    if (mod(i,7) = 0 and mod(i,2) = 0)
        ? i
        exit
    endif
endfor
return
```

13.16 闰 年 问 题

编写一个函数,只有一个参数(整型),返回值为逻辑型。参数表示年份,当该参数表示的年份是闰年,函数返回值为 True,否则返回 False。

注:闰年是指能被 4 整除、且不能被 100 整除;或者能被 400 整除的年份。如:2000 年是闰年,1900 年不是闰年。

```
? func1(2004)


function func1
    para year
    if (year%4 = 0 and year%100 <> 0) or year%400 = 0
        leapyear = .t.
    else
        leapyear = .f.
    endif
return leapyear
endfunc
```

13.17　字符串操作

定义函数 TSH,用于对参数(一个数字字符串)实现加 1 操作,要求函数返回值的宽度与原参数的宽度一样,如果返回值的宽度小于参数的宽度,则在字符串前用字符"0"补上,如参数为"000123"返回的值为"000124"。

```
clear
accept "Input string:" to str_In
? tsh(str_In)


function tsh
parameters s_In
s_Ret = ""
nLen = len(s_In)
nIn = val(s_In)
s_Out = alltrim(str(nIn + 1))
nLen_Out = len(s_Out)
if(nLen_Out < nLen)
   for i = 1 to nLen − nLen_Out
      s_Ret = s_Ret + '0'
   endfor
endif
return s_Ret + s_Out
endfunc
```

13.18　哥德巴赫猜想

求任意一个偶数可以分解成两个素数的和。

```
Input to n
if n%2! = 0
   messagebox('必须输入一个偶数,请重输!')
else
   do case
      case n = 2
         ?"2 = 1 + 1"
      case n = 4
         ?"4 = 1 + 3"
      case n > 5
         for x = 3 to n/2 step 2
            if prime(x)
               Y = n − x
               if prime(y)
```

200

```
                    ?  allt( str( n) ) + " = " + allt( str( x) ) +' +' + allt( str( y) )
                EXIT
            endif
        endif
    endfor
    endcase
endif


function prime( )
parameters m
if m > 3
    for i = 3 to sqrt( m)
        if m% i = 0
            f = . f.
            exit
        endif
    endfor
endif
```

程序运行结果为:

若偶数为 2,则 2 = 1 + 1。

若偶数 > 2,则偶数 = 3 + x(x 为一奇数)。比如输入偶数 10,则执行结果为 10 = 3 + 7。

第五部分

第 14 章　表单设计

第 14 章　表 单 设 计

14.1　考 试 系 统

创建如图 14-1 所示的考试自动批改表单,逐一显示试题,当用户完成所有的问题之后,可以自动进行打分。

图 14-1　考试系统

完成该表单需要进行以下工作:

1. 表设计

在数据库中添加 examine 表(如表 14 – 1)。

表 14 – 1　examine 表

字 段 名	字 段 含 义	字 段 类 型	字 段 宽 度
question	问题	字符型	254
option1	选项 A	字符型	254
option2	选项 B	字符型	254
option3	选项 C	字符型	254
option4	选项 D	字符型	254
answer	正确答案	字符型	10
user_ans	考试者答案	字符型	10

图 14-2 显示了试题库的部分试题样例。

2. 表单布局

创建如图 14-3 所示的表单。

该表单中的重要控件包括 Optiongroup1,用来显示"A、B、C、D"四个字母。Label1 ~ Label4 用来显示 examine 表中的四个选项。Commandgroup1 包含四个按钮,分别为"上一题""下一题""成绩"和"退出"。

Question	Option1	Option2	Option3	Option4	Answer	User_ans
用树形结构表示实体之间联系	关系模型	网状模型	层次模型	以上三个都是	C	C
在创建数据库结构时，给该表	参照完整性	实体完整性	域完整性	用户定义完整性	B	A
在创建数据库结构时，为该表	改变表中记录时	为了对表进行实	加快数据库表	加快数据库表的	D	C
数据库系统中对数据库进行管	DBMS	DB	OS	DBS	A	A

图 14-2　试题样例

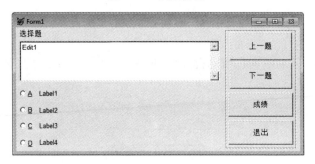

图 14-3　表单布局

一些重要设置如下：

Edit1 的 controlsource 属性设置为 examine. question。

Form1 的 Init 事件代码为：

```
sele examine
thisform. Label1. caption = examine. option1
thisform. Label2. caption = examine. option2
thisform. Label3. caption = examine. option3
thisform. Label4. caption = examine. option4
```

Commandgroup1 的 click 事件代码如下：

```
sele examine
op = this. value
do case
  case op = 1
    if recno( ) = 1
      this. command1. enabled = . F.
    else
      skip  - 1
    endif
    if this. command1. enabled = . f.
      this. command2. enabled = . t.
    endif
    thisform. Label1. caption = examine. option1
    thisform. Label2. caption = examine. option2
```

```
        thisform. Label3. caption = examine. option3
        thisform. Label4. caption = examine. option4


    case op = 2
        if recno( ) = reccount( )
            this. command2. enabled = . F.
        else
            skip 1
        endif
        if this. command2. enabled = . f.
            this. command1. enabled = . t.
        endif
        thisform. Label1. caption = examine. option1
        thisform. Label2. caption = examine. option2
        thisform. Label3. caption = examine. option3
        thisform. Label4. caption = examine. option4


    case op = 3
        lnRight = 0            && 正确的答案数
        n = Recno( )
        scan
            if allt( user_ans) $ answer
                lnRight = lnRight + 1
            endif
        endscan
        count to ln
        lcScore = allt( str( lnRight/ln * 100,6,2) ) + " % "
        = messagebox('正确率为' + lcScore,64 + 0 + 0,'成绩')
        goto n                && 恢复到当前记录


    case op = 4
        thisform. refresh
endcase
thisform. refresh
```

14.2　输入格式与显示格式

创建如图 14-4 所示的表单,账号格式为"999 - 99999999 - 9999",当"存款金额"输入负数时,自动出现提示信息"存款金额不可小于零"。

该表单的基本设置如下:

将文本框 Text3(存款日期)的 DateFormat 属性设置为"14 - Long",DateMask 属性设置为减号" - ",century 属性设置为"开",value 属性设置为 Date( )。

图 14-4　输入格式与显示格式

将文本框 Text2(存款金额)的 InputMask 属性设置为"999,999,999.99"。

将文本框 Text1(账号)的 InputMask 属性设置为"999-99999999-9999"。

Text2 的 Valid 事件处理代码如下：

```
#DEFINE MESSAGE_LOC '存款金额不可小于零'
if this.value < 0
    messagebox(message_loc,48+0+0)
    return .f.
else
    return .t.
endif
```

14.3　滚动条的设置

创建如图 14-5 所示的表单,使用滚动条进行较长内容的浏览。

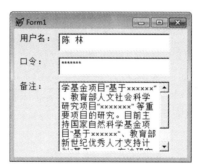

图 14-5　滚动条的设置

这里,只需将 Edit1(备注)的 ScrollBars 属性设置为"2 - Vertical",即可进行垂直滚动。

14.4　复选框的不同状态

创建如图 14-6 所示的表单,显示复选框的不同状态。

属性设置如下所示：

将 check1 的 style 属性设置为"1 - 图形"。

将 List1 的 RowSourceType 属性设置为"1 – 值"，RowSource 属性设置为".F. , .T. , .NULL. , 0, 1, 2"，并为列表框的 click 事件设置如下的事件处理代码：

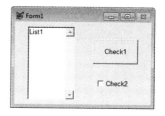

```
for i = 1 to this. listcount
  if this. selected(i)
    thisform. check1. value = eval(this. value)
    thisform. check2. value = eval(this. value)
  endif
endfor
```

图 14-6　复选框

运行该表单，可以看出，复选框的不同状态如图 14-7 所示。

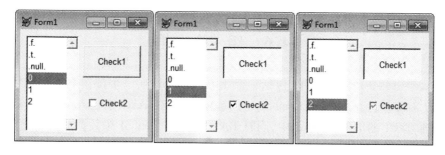

图 14-7　复选框的不同状态

14.5　列表框的多项选择

创建如图 14-8 所示的表单，进行多项选择。

进行如下一些重要设置：

List1 的 MutiSelected 属性设置为 T，Sorted 属性设置为 T，RowSourceType 属性设置为"1 – 值"，RowSource 属性设置为"0,1,2,3,4,5,6,7,8,9"。

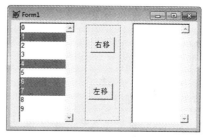

命令按钮组的 click 事件处理代码为：

```
L1 = thisform. list1
L2 = thisform. list2
```

图 14-8　多项选择

```
do case
  case this. value = 1
    for i = 1 to L1. listcount
      if L1. selected(i)
        L2. additem(l1. list(i))
      endif
    endfor
    for i = 1 to l1. listcount
      if l1. selected(i)
        l1. removeitem(i)
```

207

```
            endif
         endfor

      case this. value = 2
         for i = 1 to l2. listcount
            if l2. selected( i )
               l1. additem( l2. list( i ) )
               l2. removeitem( i )
            endif
         endfor
   endcase
```

14.6 组 合 框

创建如图 14-9 所示的表单,包括一个组合框 Combo1、一个按钮 Command1、两个文本框 Text1 和 Text2,Text2 显示 Combo1 中的数据项数,在 Text1 中输入一个值,单击 Command1 添加 Text1 的值到 Comco1 中,同时 Text2 的值随 Combo1 中数据项数变化。

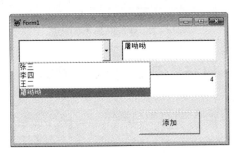

图 14-9   组合框

重要设置如下:
Combo1 的 RowSourceType 为"1 - 值",RowSource 为"张三,李四,王二"。
Combo1 的 init 事件代码为:

```
thisform. text2. value = this. listcount
thisform. refresh
```

Command1 的 click 事件代码为:

```
zhi = thisform. text1. value
if len( zhi) ! = 0
   thisform. Combo1. additem( zhi)
   thisform. text2. value = thisform. combo1. listcount
endif
```

14.7 趣 味 表 单

创建如图 14-10 所示的表单,进行运气测定。

图 14-10　趣味表单

"测试"按钮的 click 事件处理代码为:

```
i = 1
s = "
clear
x = rand( )
y = 100 * x
z = int( y )

s = s + "你今天的:" + chr( 10 ) + chr( 13 ) + "桃花运的概率:" + str( z ) + "%   "
if z > 50
    s = s + "今天可能有桃花运哦!"
else
    s = s + "今天不会有桃花运的!"
endif

h = rand( )
m = 100 * h
j = int( m )
s = s + chr( 10 ) + chr( 13 ) + "考试通过概率:" + str( j ) + "%   "
if j > 50
    s = s + "今天可能超长发挥哦!"
else
    s = s + "今天考试会很郁闷的!"
endif

o = rand( )
p = 100 * o
q = int( p )
s = s + chr( 10 ) + chr( 13 ) + "表白成功概率:   " + str( q ) + "%   "
if q > 50
    s = s + "今天很有可能成功哦!"
else
    s = s + "今天有可能被拒绝!"
```

```
endif

i = i + 1
l = rand( )
n = 100 * l
r = int( n)
s = s + chr(10) + chr(13) + "彩票中奖概率：  " + str( r) + "%    "
if r > 50
   s = s + "快去买彩票吧!"
else
   s = s + "今天别买彩票!"
endif

messagebox( s)
```

14.8   选项组与复选框

创建如图 14-11 所示的表单,当用户单击"确定"按钮时,在编辑框中显示用户对选项组和复选框的选择。

图 14-11   选项组与复选框

Commandgroup1 的 click 事件代码为:

```
if thisform. commandgroup1. value = 2
   thisform. release
else
   cstr = "你所在城市:" + ;
      thisform. optiongroup1. buttons[ thisform. optiongroup1. value]. caption + "。"
   cstr = cstr + "你的爱好:"
   if thisform. check1. value = 1
      cstr = cstr + thisform. check1. caption
   endif
   if thisform. check2. value = 1
      cstr = cstr + thisform. check2. caption
   endif
   if thisform. check3. value = 1
```

```
        cstr = cstr + thisform. check3. caption
     endif
thisform. edit1. value = cstr
endif
```

14.9 字体变化

创建如图 14-12 所示的表单,进行字体的不同形式的显示。

图 14-12 字体变化

Check1 的 click 事件代码为:

```
if this. value = 1
    thisform. label1. fontbold = . t.
else
    thisform. label1. fontbold = . f.
endif
```

Check2 的 click 事件代码为:

```
if this. value = 1
    thisform. label1. fontitalic = . t.
else
    thisform. label1. fontitalic = . f.
endif
```

Check3 的 click 事件代码为:

```
if this. value = 1
    thisform. label1. fontunderline = . t.
else
    thisform. label1. fontunderline = . f.
endif
```

Check4 的 click 事件代码为:

```
if this. value = 1
    thisform. label1. fontstrikethru = . t.
else
    thisform. label1. fontstrikethru = . f.
endif
```

参 考 文 献

[1] 丁晟春,蔡骅. Visual Foxpro 课程设计项目案例精选. 南京:东南大学出版社,2003.

[2] 严明,单启成. Visual Foxpro 教程. 苏州:苏州大学出版社,2008.

[3] 张跃平. Visual Foxpro 课程设计. 2 版. 北京:清华大学出版社,2008.

[4] http://wenku. baidu. com.

[5] http://www. doc88. com.